这本书的小主人是

____

我是明安，还是个小学生，我擅长利用观察力和推理能力来破案，欢迎来到侦探的世界！

1 笼中之鸟

陈伟民 著 米糕贵 绘

中国民族文化出版社
北 京

版权所有 侵权必究

图书在版编目（CIP）数据

学化学来破案. 1, 笼中之鸟 / 陈伟民著；米糕贵绘. —北京：中国民族文化出版社有限公司，2020.4（2024.6 第 4 次印刷）

ISBN 978-7-5122-0818-6

Ⅰ. ①学… Ⅱ. ①陈… ②米… Ⅲ. ①化学－青少年读物 Ⅳ. ① O6-49

中国版本图书馆 CIP 数据核字 (2019) 第 280053 号

本书中文繁体字版本由幼狮文化事业股份有限公司在台湾出版，今授权中国民族文化出版社有限公司在中国大陆地区（台湾、香港及澳门除外）出版其中文简体字平装本版本。该出版权受法律保护，未经书面同意，任何机构与个人不得以任何形式进行复制、转载。

版权代理：锐拓传媒（copyright@rightol.com）

著作权合同登记号：图字 01-2020-0661

学化学来破案 1 笼中之鸟

Xue Huaxue Lai Po'an 1 Longzhongzhiniao

作　　者：陈伟民

插　　画：米糕贵

责任编辑：张晓萍

设　　计：姚　宇

排　　版：沈　存

责任校对：祁　明

出　　版：中国民族文化出版社

地　　址：北京市东城区和平里北街 14 号（100013）

发　　行：010-64211754 84250639

印　　刷：小森印刷（北京）有限公司

开　　本：145mm×210mm 1/32

印　　张：24

字　　数：400 千

版　　次：2024 年 6 月第 1 版第 4 次印刷

I S B N　978-7-5122-0818-6

定　　价：128.00 元（全 5 册）

推荐序

老少咸宜的科学侦探故事

我是在一些科学演示活动中认识陈伟民老师的，当时他是一位资深高中化学老师，长期为中小学生的科学推广课程默默耕耘，他更是一位博闻强识的科普作家与译者。在与伟民老师短暂的几次会面中，我深深领受了他的谦谦长者风范。因此，当伟民老师请我为他的新书写推荐序时，我一口答应。在读完一本后，更是意犹未尽，特地把另外几本也找出来大快朵颐一番。

《学化学来破案》是台湾版的《名侦探柯南》，集结了伟民老师多年的专栏短篇故事，每一个故事的篇名都匠心独具，将破案的关键科学知识融入其中。书中的侦探主角是聪明勇

敢的高中生明雪和偶尔也挑大梁的弟弟——小学生明安。明安效法的是福尔摩斯类型的侦探，敏锐搜寻指纹、脚印等蛛丝马迹，而热爱化学、立志成为警方鉴识人员（负责物证勘验、鉴定事务的人）的明雪则是灵活运用科学知识，对案情的始末与未来发展几乎能铁口直断。

以科学为媒介，专门为小读者写作的故事并不多。市面上这类的书籍中，又大多“教学目的”太强，情节并不自然，也很难吸引读者反复回味。所以，坊间虽有无数号称为儿童或青少年量身定做的“知识小百科”，但真正能获得小读者青睐、成为经典的却很少。这其中的关键并不在于知识的丰富程度，或精美的图片与视觉编排，而在于故事的情节是否能打动人心。故事或小说是读者认识世界的桥梁。当读者感到与故事中的主角熟稔如老友，发生在主角身上的情节，也就如老友相聚时诉说近况这般亲切，原本艰涩的专业知识就能变得平易近人。读者随着明雪的日常生活、同学交往、家庭出游，不知不觉中仿佛跟她成为了老朋友！而伟民老师的博学身影则自然地流露在明雪的

父亲、化学老师、鉴识人员张倩等角色中。故事中带出了各种历史上的奇闻逸事，如“马西试砷法”“法国拉法基案”“颠茄belladonna”“阿加莎·克里斯蒂的侦探小说”，无论你对科学有没有兴趣，都会读得津津有味！

大人小孩，没有人不爱听故事。我的女儿刚满两岁，大字不识一个，每天缠着大人讲上几小时的故事给她听。当我读伟民老师的作品时，脑中浮现的正是女儿求故事若渴的小脸！我仿佛已预见，等她稍微懂事一些，伟民老师的故事将会多么吸引她。如果学校里所有的知识都能以这样自然、生活化、有趣味又动人的方式让孩子学习，我们又还会有什么教育制度、教育改革的问题呢？

伟民老师的这一系列作品，在百家争鸣的出版品中显得相当老派。单纯的情节予人安心的韵律感，简练的用字蕴藏中文的典雅之美。我们的小读者需要的正是这种朴实的好作品。在我所知的古今中外所有为儿童所写的这类作品中，《学化学来破案》绝对是一套难得的佳作。我大力推荐给所有的大小读者！

台湾师范大学化学系教授　李佑慈

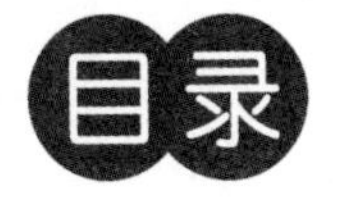

溺水疑案

早晨的阳光，透过窗户射进学校的实验室，洒落一地跳动的光影。经过连日大雨，窗外的树叶显得特别青翠。

明雪身为化学课代表，要在上课之前先到实验室，协助老师配制教学要用的药品。只是上了高中，规矩似乎比初中时担任自然与生活科技课代表还多，让她觉得有点麻烦。

化学老师先是明确指出："今天要配的药品是硝酸银溶液。"接着就在小黑板上写下配制方法。不过，老师还是不放心，特意叮咛她："配制药品时一定要用蒸馏水，

不可以用自来水，而且要戴橡胶手套，知道吗？”

明雪点点头表示知道。

“我还得到班上检查早自习，记得在八点十分上课以前，要把药品配好。”留下一句吩咐后，老师就走了。

明雪则在老师背后吐吐舌头，还做了个鬼脸。

八点的钟声一响，代表早自习结束，同学们陆陆续续来到实验室，大家叽叽喳喳讨论着今天要做的实验。

十分钟后，化学老师准时进入实验室。他先是瞅了一眼桌上已配好的溶液，接着怒气冲冲地质问明雪：“为什么用自来水配制？我不是特地叮咛过了吗？你怎么这么不听话？”

面对化学老师突如其来的质问，明雪吓得脸色发白，嗫嚅地说：“老师，你……你怎么会知道？我以为没关系，所以……”

“什么没关系？”老师生气地指出，“你看，这水溶液呈现白色混浊状，表示自来水里的氯离子已经与硝酸银发生反应，产生白色氯化银了！”

“自来水里怎么会有氯离子？”明雪还是不懂。

“难道你读初中时，没学过自来水是用氯气消毒的吗？在这过程中，有一部分氯气就溶进水里变成了氯离子。你以为偷懒不会被老师发现吗？蒸馏水配制的硝酸银溶液应该是透明的，所以我一眼瞧见这杯溶液呈白色混浊状，就知道你偷偷使用了自来水！虽然自来水中的氯离子浓度大约只有20~500ppm，浓度不高，但水溶液仍会有点混浊。”

明雪总算知道老师为什么会发现她用自来水配制药品，虽然后悔已来不及，但她还是勇敢负起责任：“老师，我错了，我马上用蒸馏水重新再配一次。”

老师估算一下时间后，开口道：“算了，等你重新配好，已经来不及做实验，看来只好延后一天了。不过，罚你今天放学后留下来重配药品！”明雪羞愧地点点头。

“现在这堂课只好先讲解实验原理。有谁会写硝酸银的化学式？”老师问，明雪闻言赶紧举手，毕竟化学是她最擅长的科目，何况刚犯下一个愚蠢的错误，她急着想

扭转老师对她的印象。想不到，老师一看到她高举的手，眼睛瞪得像铜铃一般大："明雪，你为什么配制药品不戴手套？"

明雪再度愣住了，心想：老师怎么这么厉害？连自己配制药品没戴手套他也知道！

"你看看自己的手。"老师一说，全班同学都盯着她的手看，大家顿时议论纷纷，还有人故意尖叫："好恶心哦！"

明雪赶紧放下手，仔细察看——天啊，她手上有一大块黑色污渍！明雪吓得赶紧跑到水龙头边拼命刷洗。

老师见状，对她解释："没用啦！早教你调配药品要戴手套，你就是不听！硝酸银已经渗进你皮肤的蛋白质里了，而它一照到紫外线就会变黑……待会儿你到室外，碰到更强的阳光照射，还会变得更黑，怎么洗都没用。这算是对你不听话的惩罚吧！"明雪哭丧着脸，说："那我不就一辈子都是'黑手'了？"

老师看到明雪快哭出来了，便安慰她说："放心吧！

三四天后，沾染到药品的表皮会自行脱落，到时候，肤色就能恢复正常了。”明雪看着自己的手，虽感到半信半疑，仍点了点头。

■ ■ ■

明雪放学后走进家门，因为怕被爸妈看到她的手，所以动作遮遮掩掩。还好妈妈对她说：“明安和同学到运动公园打棒球，天都黑了还没回家，你到公园去看看吧！”

“好！”明雪赶忙出门，庆幸手上的污渍没被发现。她伸手摸了摸口袋里那一小瓶硝酸银——被老师留下来重配药品时，虽然她乖乖按照老师的规定做，但调皮的她还是偷偷留了一小瓶带回家。

运动公园旁边本来是建筑工地，四周都用铁板围起来了，只留了一个汽车的出入口。但听说建筑公司在两个月前倒闭，所有工人都撤走了，因此这里成了废弃的荒地。

明雪刚经过这片工地的入口处，就看到一辆蓝色小轿车从里面急驶而来，车后还有一群小朋友在追赶，有的挥

舞着球棒，有的高声喊叫。明雪正在纳闷发生什么事，忽然看到明安也在追赶行列，于是她急忙把停在入口附近的几辆自行车推倒，哗啦啦一阵声响，车子倒得横七竖八，挡住了轿车的去路。

这时，车里冲出来一个怒气冲冲的年轻人，高喊："把自行车搬开！"

明雪则在这时打量了一下现场情况：那是辆破旧的蓝色小轿车，轮胎侧面沾满了细沙。

不久，追赶的小朋友也跑到了两人身旁。明安一看见明雪，就气喘吁吁地说："姐，别让他跑掉，他是杀人凶手！"

明雪看了那人一眼，转头问弟弟："你们打球怎么打到这里来了？"

明安说："我打了一个界外球，正好飞进这块空地。我们到这里捡球时，正好看见这个人蹲在地上，他一看到我们，就慌慌张张地跳上车。我们发现地上躺了一个人，就觉得是他害死的！"

“胡说！”年轻人反驳道，“我先前发现水池里有个人载浮载沉，就好心把他拉起来。正要急救时，你们却叫嚷起来，我怕被人误会他是我害死的，所以才赶快离开！”

这时，一些路人听到争吵声，也围过来看热闹。其中，有人就对这个年轻人建议道：“你还是带我们到水池旁，看看是怎么回事吧！”明雪则悄悄跟明安说：“快打电话给李雄叔叔。”原来，李雄是明雪父亲的老同学，正好在这一区当刑警队长。

年轻人眼看自己被众人团团围住，难以脱身，只好跟着走回水池旁——其实那也不算什么水池，只是工人打地基时挖的坑洞，因为连日大雨，所以积满了水。水坑的旁边果然躺着一个人，全身湿漉漉的，一动也不动。人群中有一人蹲下去摸了摸那人的脉搏，随即站起身摇摇头，示意没救了。

年轻人还在指手画脚地为自己辩解：“我就是看到这个人倒在水池里，才赶紧把他从水中拉起来，没想到正好被这群小鬼看到，还诬赖我杀人……真是好心没好报！”

这时明雪看到年轻人的衣服前襟上果然有水渍，于是就绕着水坑和水里的人仔细观察。

突然间她灵机一动，双手从坑中捧出一捧水洒在地上，然后掏出口袋里的那瓶硝酸银溶液，往地上的小水洼滴上药水。接着她走回死者身边，把药品滴在他衣服上的水渍里，结果立刻出现了大量白色沉淀。

明雪看到这种情况，马上站起身来对年轻人说："你说谎，这个人是在海中溺水而亡的！"

年轻人吓了一跳，大声质问："你怎么知道？"不一会儿又发觉自己失言，急忙辩白："你胡说，他明明是在这个水池里死亡的！"

明雪笑了笑，问道："你愿意打开汽车的后备厢，让我看看吗？"

年轻人面有难色地说："你凭什么要求我打开后备厢？"

"你要是不配合她的要求，我就把你的车子拖回警局！"一道洪亮的声音自年轻人的背后传来，把他吓了一跳。

听到熟悉的语调，明雪姐弟俩高兴地大喊：“李雄叔叔！”

原来是体格魁梧的刑警队长李雄，已带着两名警员赶到工地。

年轻人无奈地被警员带到轿车旁，并且打开后车厢。

李雄笑着对明雪说：“去吧，小侦探！告诉我们，你为什么要检查后车厢呢？”他知道明雪不但立志长大要当一名女法医，而且在犯罪侦察方面常有独到的观察力。

“我刚才就注意到这辆车的轮胎侧面黏了很多沙粒。至于为什么会这样呢？去海边玩过水的人都知道，湿湿的脚踩到沙子，就会黏上一大片沙粒，除非水分完全干掉，否则不易脱落，尤其是将干未干时，沙粒的附着力最大。因此我推断，这辆车今天曾经到过海滩！”在李雄信任的眼神下，明雪侃侃而谈。年轻人急忙侧头察看轮胎，脸色顿时变得苍白。

明雪继续说明自己的推论：“我刚才先用硝酸银溶液检验坑洞里的水，由于雨水中各种离子的浓度极低，所

以几乎没有任何沉淀发生。但我检验死者衣服身上的那摊水后，却产生了大量白色沉淀，证明水中氯离子的含量很高，很可能是海水——因为海水中氯离子的浓度高达1.5%~3.5%！”明雪边说边检查后车厢，接着伸手指给李雄看，“这里也有一摊水。”

围观的人群好奇地挤上前去凑热闹，发现后车厢底部的布垫上，果然有一摊水渍。

明雪又拿出硝酸银水溶液滴在后车厢的水渍处，这时明显的白色沉淀物又再度出现。“这也是海水。可见死者曾浸泡在海水中，然后这个年轻人把他放进汽车后车厢，载到废弃工地，将他丢进水坑里，让人误以为他是闯入工地而不小心掉进水里死亡的。结果，他刚把死者搬下车，还来不及抛进水池里，就被这群小朋友发现了。”明雪说。

李雄不解地问：“如果他在海边将死者杀害，为什么还要大费周章地把死者运到这里丢弃呢？”

明雪踱着方步，想了几秒钟，才说：“除了故布疑阵扰乱警察的侦办方向外，我猜这凶手平日可能在海边从事不法勾当；如果死者在附近被发现，恐怕他平常从事的不法活动也会被曝光，所以他才想把死者转移到别的地点。”

李雄满脸严肃地转向年轻人：“她说得对不对？”

年轻人眼看已经无法掩饰，只好点点头，说出真相。原来他和死者平日就在海上走私，今天下午两人因分赃不均而发生打斗，他一气之下，就把死者按入海中淹死。因为怕警方在查凶杀案时，会追出走私的事，所以他只好把死者载到废弃的工地，心想同样是溺水而亡，警察一定查不出受害者是在哪里淹死的。没想到，因为一个意外的界外球，引来一群爱管闲事的小鬼和一位美少女侦探，他也只有认栽了！

李雄下令把凶手押回警局，围观的人们也逐渐散去。这时，人群中有一名穿着运动服的青年男子，朝明雪走了过来。

明雪看清对方长相，差点晕倒——竟然是化学老师！

老师板着面孔，严厉问道：“你为什么把硝酸银溶液带回家？是不是又想恶作剧？你难道不知道它有腐蚀性

吗？明天放学后找我报到，罚你打扫实验室！”

在这么多人面前被骂，明雪满脸通红，恨不得有个地洞可以钻进去——唉，这就是调皮的代价！

科学小百科

在大多数的教学实验室里，硝酸银是最常接触到的银化合物。因为它是一种无色、无味的固体（光照时可能变成灰色），属于强氧化剂，具有腐蚀性，所以在使用时要特别注意安全。硝酸银的化学式为：$AgNO_3$。当它加入自来水中，与氯离子（Cl^-）产生白色沉淀的化学反应过程可表示为：$AgNO_3 + CL^- \rightarrow AgCl \downarrow + NO_3^-$，氯离子浓度越高，则白色沉淀物越多。

鬼屋

明雪身为学校化学研习社的社长，想为今年新加入的社员举办一次迎新晚会。化研社毕竟是学术性社团，参加的人都对化学特别感兴趣，不能像娱乐性社团，总要设计一点与化学有关的活动。但明雪又不想把它弄得太枯燥，希望既有趣又与化学相关，这就需要绞尽脑汁了！

参与策划的同学们一致决定，把这项融合知识与娱乐的工作交给社长规划。活动组长惠宁一派轻松地对明雪说："社长，这项压轴表演就交给你设计了，需要帮忙时别客气，我一定挺到底！"

明雪只能干笑："谢谢你啦！"

接下来，明雪冥思苦思好几天，都想不出有什么表演可以兼顾化学与娱乐的。她盘算着，再想不出来，就向老师求助。

今天化学课正好教到能量转换。化学老师说："能量的总和不变，但能的形式却可互相转换。例如：热能可以变成电能，所以我们靠火力发电；电能可以变成化学能，因此水能够电解成氢气和氧气；化学能可以变成光能，所以我们可以玩荧光棒。"

明雪突然眼睛一亮：嘿，既然是个晚会，如果能教同学们制作荧光棒，不正是结合化学与趣味的活动吗？

下课后，她立刻向老师提出自己的构想。

老师笑着说："我可以教你比做荧光棒更精彩的表演呢！"

明雪兴奋地问："真的吗？怎么做？"

老师拿了本书给她参考。

"你可以看看这本书，如果喜欢的话，再找我借药品。"

■ ■ ■

趁着午休时间，明雪迫不及待地翻开化学老师借给她的书。书中介绍了如何用鲁米诺、硫酸铜配成第一瓶溶液，双氧水配成第二瓶，然后同时把两瓶溶液倒入螺旋形塑料管中，就会在黑暗中发出蓝光。

明雪心想，这场面比荧光棒可壮观多了，迎新晚会就表演这个吧！她立刻去找化学老师借药品。

老师询问相关问题后，确认她对实验内容已有相当了解，就放心地把实验室钥匙，以及会用到的药品、器材交给她，并叮嘱道："你们要自己到五金店买透明塑料管，然后用铁丝把它固定在铁架上成螺旋状。这个实验你们从没做过，在正式表演前至少应演练一次。进行演练时要找黑暗的地方，因为这些发出蓝光的混合物若暴露在灯光下，看起来就像臭水沟一样污浊。"

明雪点点头说："放心吧，老师！"

周六下午，明雪找来惠宁帮忙。两人来到学校实验

室，一起制作螺旋形塑料管并调配两瓶药品：鲁米诺及双氧水。

惠宁忽然发现明雪没有依照书本内容配制，就提醒她：“你在第一瓶鲁米诺里少加了硫酸铜哦！书上说它是催化剂，鲁米诺、硫酸铜和双氧水混合在一起，才会发光。”

“我知道，我只是想做个不同的尝试。你瞧，这瓶硫酸铜是蓝色的，而这个实验发出的光也是蓝色的；所以我想，除了蓝色的硫酸铜外，再配一些褐色的氯化铁和红色的氯化亚钴，到时分别加入不同的催化剂，看看它们会不会产生各种颜色的光。”

“哇，你的点子真酷！”惠宁想到彩色的光就兴奋，反而忘了两人常因明雪的点子而被老师处罚的事。

她们刚配好药品，警卫伯伯就来催促她们离开了：“这栋大楼晚上要锁起来，你们快点走吧。”

明雪着急地问惠宁：“那我们要到哪里演练呢？”

惠宁想了想，露出促狭的笑容：“我知道一个地方，不但没人打扰也够暗，可以演练发光的化学反应，就怕你不敢去！”

“我怎么不敢？只要你去，我就去！”明雪不甘示弱。

“好，我们把药品收一收，先找个地方吃晚饭，等天黑，我再带你去那个地方。”

两人把配好的两瓶药水、催化剂和器材装在背包里，就到校门对面的餐馆吃晚餐。待天色完全暗下来后，惠宁领着明雪走了一段路，来到一栋废弃的屋子前。

惠宁转身对明雪说：“就是这里。”

“这……不是……传说中的鬼屋吗？”明雪已吓得直打战。她刚进学校时，就听高年级同学说附近有栋空屋闹鬼，同学们宁可绕路，也不愿靠近。明雪曾在白天观察过这栋两层楼的房子，二楼的墙壁和屋顶都呈现出焦黑的痕迹，似乎发生过火灾。

“是啊！就因为是鬼屋，所以我敢说一定没人打扰，也够暗。怎么，你怕啦？”惠宁露出一抹淘气的微笑。

“谁说的？走！”为了面子及自己秉持的科学精神，

明雪摇摇头撇去鬼魂传说，鼓足勇气，推开满是锈斑的铁门，大踏步走进屋内。惠宁紧跟着她走进来。

屋里伸手不见五指，明雪摸索着把铁架和塑料管放在地上，然后吩咐惠宁把两瓶药水拿出来。黑暗中，只听到惠宁一声惨叫，接着“咣当”两声——是清脆的玻璃碎裂声！明雪一听就知道不妙，今天下午配的药水毁了！

惠宁欲哭无泪，央求明雪原谅：“对不起，对不起，我太粗心了，让药水瓶掉到地上打破了。”

可是明雪好像心不在焉，她只是“嗯”了一声，并没有反应。惠宁以为明雪生气，遂再度发问：“你听到了吗？”

明雪却答非所问：“惠宁，到我这里来。”

这时，惠宁的眼睛才渐渐适应屋内的黑暗。她发现明雪蹲在地上，眼睛直盯着地面，就急忙走到明雪身旁：“你在看什么？”

“你瞧瞧我面前的这块地板。”

惠宁这才发现地上有个浅蓝色的发光痕迹，但逐渐黯淡下去。

明雪问："你觉得这个形状像什么？"

"像鞋印。"惠宁打量一下，说出想法。

明雪点点头："没错！"

惠宁伸手由背包中摸出三个小瓶子："咦，硫酸铜、氯化铁和氯化亚钴这些药剂都还在，为什么地上会发光？是什么催化了鲁米诺的发光反应？"

明雪沉思一会儿，冷静推敲："应该是血迹。血红素里的亚铁离子会催化鲁米诺发生反应，所以可用它来检验血迹——这是我从侦探小说里看来的。"

"啊！血迹？没想到这里真的是鬼屋，我还以为是高年级同学故意骗我们的！"这下子，换惠宁吓得浑身发抖了。

"不，这是案发现场。"明雪对案情真相的好奇心胜过了恐惧，她拿出手机，"我要打电话给张倩阿姨。"

张倩是警方鉴识人员，也是明雪崇拜的偶像。

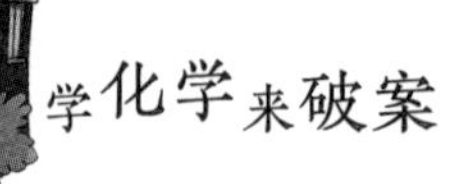

■ ■ ■

半小时后，鬼屋内已是人声嘈杂，灯火通明。大批警察赶来拉起封锁线，屋内电源也被重新接上。

惠宁因受到惊吓，在接受警方做完笔录后，被父母带回了家，而另一名警员也要明雪离开现场。

张倩说："让她留下吧！是她发现了染血的鞋印，我有话要问她。"

明雪感激地看着张倩，说："虽然我发现了染血的鞋印，但说不定是房主不小心划伤流的血，所以我才先打给你，不敢直接向110报案的。"

张倩点点头："你肯定觉得很奇怪，为什么我一接到电话，就通知李警官带大队人马前来吧！"

看着明雪渴望真相的双眼，她叹了口气继续说道："你不知道这屋子原来的主人是谁吧，她叫巧均，是我在警校的好朋友。"

"啊？这么巧？"明雪没想到，全校学生口耳相传的鬼屋，女主人竟是张倩阿姨的同学。

张倩感叹道：“当时我读鉴识专业，她则读刑事侦查专业。毕业后巧均担任刑警，因办案认识了检察官郑宇，没过多久两人就结婚了，可说是郎才女貌，令人称羡的一对。他们婚后住在这栋房子里。但没过不久，我就听说两人感情不和。两年前某个冬天的深夜，这里突然发生火灾，虽然邻居很快就通知消防队，只烧毁了二楼，但不幸的是，巧均却在二楼卧室里被烧死。郑宇因到外地办案，幸免于难。我一直怀疑巧均的死因，但当时我不在这区工作，火场鉴识人员发现起火点是一条破皮的电线，所以用‘电线走火引发火灾’这个理由结案，我也无可奈何。”

李雄刚好从屋外走进来，加入两人谈话：“案发后，郑宇搬离这栋屋子，很快再婚了。由于鬼屋的谣言，使得这栋房子始终卖不出去，保留到现在，却因为你今晚的发现，我们决定重启侦查。我刚才调出当年的档案来看，可能因为郑宇以检察官的身份干扰，很多证据都没有深入追究。例如死者的尸体因烧得焦黑，所以未经解剖就判定是

烧死而交由家属办理后事；且根据宾馆住宿记录，认定郑宇当天人在其他县市，有不在场证明。”

张倩拍拍明雪的肩膀，说：“你今晚做的，正是鉴识人员的工作。鲁米诺对血迹的反应十分灵敏，即使被清水洗过，甚至是案发多年后，只要没用漂白水冲洗，仍然可以检验出来。来，你当小助手，我们看看这间房子内还留有什么证据。”

张倩从鉴识箱中取出两瓶喷剂：“这是鲁米诺，另一瓶则是过硼酸钠，只要同时喷在血迹上，就会出现蓝光。另外，证物旁放一把尺子，我们就可以知道沾血鞋印的尺寸。”

明雪听得津津有味，因为她又多学到了一些鉴识技巧！两人在一楼客厅搜证完毕后，就来到浴室。张倩随处喷上鲁米诺，发现洗手台有血迹反应，浴室墙上甚至采集到一枚血指纹。但二楼卧室却没什么收获，因为一片焦黑，大火吞噬了所有证据。

这时，郑宇已听到消息赶至现场。他在门外碰到李雄，就紧握着李雄的手说：“感谢你们重启调查。如果不是意外，希望能抓到害死我太太的真凶！有什么进展，请你随时让我知道。”

说着，他就要走进屋里。门口警察连忙挡住，郑宇不悦地说：“开什么玩笑？我是检察官，也是这里的房主，为什么不能进去？”

张倩对警察说：“没关系，可以进了，我已经搜证完毕。”

郑宇想向张倩打听有什么新证据，但张倩冷冷地说：“对不起，不便透露。”

郑宇怒气冲冲地环顾屋子一眼后，就夺门而出。明雪立刻把尺子放在一个湿脚印旁，并拍下照片。

张倩一脸困惑，明雪轻声说道：“我在郑宇进屋前，已偷偷把水泼在地上，他果然踩到并留下了湿鞋印。这样一来，我们就可以知道他穿的鞋子是否和血鞋印的尺码一样了！”

张倩点点头，赞道：“真有你的！我先送你回家，等

明天检验结果出来再告诉你。”

■ ■ ■

第二天一早，明雪醒来就迫不及待地往警局跑，看到李雄和张倩正在讨论案情。

明雪看见张倩双眼布满血丝，关心地问：“张阿姨，你一夜没睡吗？身体撑得住吗？”

张倩露出笑容，告诉明雪：“没关系，只要能抓出杀害巧均的凶手，一切都值得。目前已知血鞋印与郑宇的皮鞋尺寸符合，墙上的血指纹也是他的。”

“这样可以证明他是凶手吗？”明雪问道。

张倩叹了口气，说：“还不够，我们现在拥有的证据，只能证明郑宇曾在家里沾到很多血。要找到更明确的证据，才能攻破他的不在场证明。我们应该想想当天的情况：郑宇可能有了外遇，而痴心的巧均不愿离婚，他就趁着出差，在宾馆登记住宿后，连夜赶回家杀了巧均；浑身是血的他跑到楼下浴室把身上的血迹洗干净，也把地板上沾血的鞋印用水擦过；接着他把电线表皮刮破，制造短路引起火灾，然后……如果你是他，会怎么做呢？”

明雪说：“他必须立刻赶回宾馆，完成不在场证明。”

张倩点点头，说：“对，如果能找到他半夜曾离开宾馆的证据，就能攻破他的不在场证明！”

李雄也同意这个看法，表示会立刻往此方向追查。

张倩搂着明雪说：“走，陪我去吃早餐。”

两人坐在早餐店窗边，一面享受美食，一面聊天。

半小时后，李雄兴奋地走进早餐店：“我到交管局查出，案发当晚深夜一点，郑宇的汽车在高速公路上违规被拍照，他怕张扬，所以悄悄交了罚款——这下子拆穿他的不在场的证明了！我准备向上级申请逮捕令。”

张倩激动得眼眶通红，喃喃地说：“巧均，你总算可以安息了！”

科学小百科

“把不同颜色的催化剂加入鲁米诺，会不会产生五颜六色的光？”你是否对明雪的主意感到好奇？

其实，所谓催化剂只是加速反应进行，所以不论用什么催化剂，鲁米诺发出的光都是蓝色的；如果要产生其他颜色，就得换另一种反应后会发光的化学试剂。

另外，为什么故事中张倩检验血液时，不用双氧水而是用过硼酸钠呢？那是因为在明雪的实验中，双氧水是氧化剂，硫酸铜则为催化剂；张倩检验血迹时，配方中虽没有双氧水，但多了过硼酸钠，因为过硼酸钠比双氧水稳定，使用前加水就会产生过氧化氢（双氧水的主要成分），血红素中的亚铁离子就作为催化剂，所以两个反应的原理是一样的。

银牙识途

这个周末休息两天，奶奶要参加进香团，到数间庙宇参拜。爸爸不放心她一个人出门，便让明雪陪同一起去。

整个行程由旅行社承办，派出一名女导游担任领队。因为整团都是老人家，只有领队和明雪是年轻人，她们通力合作，细心照料全团的老人。游览车上点唱的都是老歌，明雪只能一路睡觉；幸好沿途停靠的几个景点都还不错，所以在车上睡饱后，她就可以精神奕奕地下车观赏风景了。

周六下午，进香团来到屏东车城福安宫。据说这是全台湾最大的土地公庙，其中最出名的，要算它的“神明

点钞机”——只要把金纸放在炉口，就会一张一张被吸进里面；但庙方不允许民众自己放金纸，香客只能摆在供桌上，由庙方人员代烧。

明雪对这个现象最感兴趣，她在炉旁看了老半天，甚至想把头伸进里面一探究竟。进香团里的何爷爷买了很多金纸，见明雪在金炉前后探头探脑，就开口相劝：“小妹妹，不要站那么近！会被炉火烫到的。”

明雪好奇地问：“何爷爷，你为什么要烧那么多金纸？”

“你不知道啦！神明保佑我赚大钱，我是来还愿的。”何爷爷虔诚地说。

相信万事皆可用科学解释的明雪，没再说什么，微笑着走到一边。

参拜完毕后，晚上全团成员投宿在垦丁青年活动中心，这是汉宝德先生设计的闽南式建筑，相当古朴典雅。

晚餐后，何爷爷突然喊牙疼，领队教他用盐水漱口，看情况是否好转。但过了一会儿，他又开始喊疼，领队考虑状况后，只好拜托明雪，解释说：“垦丁没有牙医诊所，何爷爷必须到恒春就诊。但依照行程，今晚团员要搭游览车到社顶公园观星，我走不开。可否麻烦你陪何爷爷搭出租车到恒春就医？”

社顶公园是个让人期待的地方，在都市里看不到的星星，在社顶的天空都显得特别明亮。明雪曾跟着天文台的科学营到过那儿观星，看眼前的领队又如此为难，便一口答应：“好！反正社顶我去过了。我送何爷爷去看牙医，我奶奶就麻烦你关照啦。”

领队闻言，露出感激的微笑。接着，领队就陪明雪跟奶奶说明情况，要她“出借”孙女，奶奶也爽快应允。

活动中心的员工赶忙叫来出租车，载他们到牙医诊所。美丽的牙医阿姨帮何爷爷看完诊后，笑着说：“没什么要紧。何爷爷多年前用银粉补过几颗牙，如今其中一颗因多年磨损，再度出现牙洞，菜渣掉进去，引起发炎。我先帮他消炎止痛，暂时把牙洞补起来……你们是来旅行的吧？接下来的行程可以继续，等回家后再去医院做根本治疗。”

“银粉？是银和水银混合成的银汞齐（汞与其他金属

的合金）吧？”明雪好奇地问。

牙医点头：“没错，一般人都称为银粉。”

“水银不是有毒吗？怎么可以放进嘴巴？”明雪发挥打破砂锅问到底的精神。

牙医耐心解释：“我们每天咀嚼食物时，牙齿承受很大的摩擦力，尤其是臼齿。以银汞齐的强度可以支撑10年以上，所以用来作为补牙材料，已有几百年的历史了。”

明雪不解：“难道没有其他安全又耐磨的材料吗？”

牙医笑答：“当然有，像树脂即为一例。不过有些牙医嫌它不如银汞齐牢固，所以目前两种材料都有人用。等何爷爷回到家，再由附近的牙医评估，究竟要采用哪种材料填补牙洞。”

回程中，何爷爷的牙齿不痛了，他心情变好，一路上谈笑风生，大声与明雪分享致富之道：“我年轻时做生意赚了不少钱，退休后就把店面交给儿子经营。我也借钱给很多人，光靠利息就够我游山玩水了！”

何爷爷的话中有些生意上的术语，明雪听不懂，只能劝他:“何爷爷，人家说财不外露，别随便告诉他人你很有钱，会引来危险的！”

何爷爷笑了笑，从口袋拿出一个银白色的椭圆形小电器，看起来很像手机，但没有数字键，也没有液晶屏幕。他说:“我才不怕！我儿子何贤买了个 GPS 个人追踪监听器给我，若有坏人想绑架我，只要按下这个键，他立刻就可以监听到我说的话，还能知道我的位置。”

“如果你被绑架时，来不及按下监听键呢？”明雪的脑筋又开始转了起来，设想各种情形。

何爷爷放声大笑:“那也没关系！儿子若发现我失踪了，可以从他的手机拨出号码，监听及锁定我的位置。”

明雪第一次看到这种高科技产品，不禁好奇地借来看，详细了解了各项功能后就还给了何爷爷。

何爷爷兴致很高，坚持要示范一次给她看。他按下第一个按钮，果然立刻和儿子何贤的手机通话。他简单向何贤说明自己牙疼，并说由明雪好心送他到镇上就医的事。

因为何爷爷使用了扩音功能，明雪可以直接和何贤对

话，待双方客气地打过招呼后，车子已抵达活动中心。进香团成员正好结束社顶观星行程，大家看到何爷爷的牙齿不痛了，心中的大石头才放下来。

■ ■ ■

星期天早上的行程是到佳洛水玩。领队在停车场宣布自由活动，依个人体力决定要走多远，约定两小时后上车。

明雪陪奶奶沿着海边走了一小段路，佳洛水海天一色的美景，让她的心情放松不少。但到了上车时间，却不见何爷爷的身影，大伙儿又等了半小时，领队也下车沿着海边找，但毫无所获。因为到了午餐时间，领队怕团员经不起饿，只好请司机先载大家到餐厅，同时向当地的警方报案，也赶紧通知当初帮何爷爷报团的何爷爷的儿子何贤。

明雪听到领队正和何贤说明情况，她突然想起何贤身上有 GPS 个人追踪监听器，就要求与何贤直接通话：“何先生，我是昨晚才和你通过电话的明雪……对，你快启动追踪监听器，看看何爷爷人在何处！”

何贤可能骤然听到坏消息，一时慌了手脚，此时经她提醒，才如梦初醒：“好！我立刻监听，有消息马上通知你！你的手机号码是？”

明雪快速念了一串数字，接着挂断电话，耐心等待。15分钟后，她接到何贤的电话：“明雪，我只监听到一小段，爸爸与人边用餐边说话，还抱怨筷子碰到牙齿会又酸又麻。接着，他又向人炫耀追踪监听器，结果一阵嘈杂声，信号就中断了……”

明雪有点疑惑：“是你主动监听，不是何爷爷按下的监听键吗？”

何贤沉吟了一会儿，说：“对，我想可能是爸爸认识的人，所以他不认为是绑架，否则，他早该按下监听键通知我了。”

“何爷爷最后发出信号的地点在哪儿？”明雪问。

何贤据实以报：“嗯……监听器发出的简讯显示，发

话地点在恒春镇恒南路，而且在我监听的那几分钟里，都没有移动。”

“知道恒南路几号吗？”明雪追问。

何贤苦笑：“这机器没办法锁定那么具体的位置……”

这时，屏东警方已派人来到餐厅，询问案发经过。明雪赶忙把目前掌握的信息告诉警察。

因为警方不清楚何爷爷的长相，加上领队要照顾团员，警员就请明雪协助寻找何爷爷的下落。待向奶奶说明情况后，明雪才坐上警车，一起前往恒南路。

到了恒南路，明雪发现这条路特别长，要从何处找起呢？她思考了一会儿，提出建议：“我们先从有餐厅的大酒店找起吧！”

警员们疑惑地望向她，问：“为什么？”

明雪解释说：“虽然何爷爷未按下监听键，但带走他的人一定不怀好意，否则应该先跟进香团的成员打声招呼才对，所以他们不可能带何爷爷到公开场合。我听爸爸说过，大酒店的房间可由停车场直接搭电梯抵达，所以我认为，它就是藏匿人质的最佳地点；加上何贤说他听到父亲正在用餐……为争取时间，我们应该从有餐厅的大酒店着手。”

警察对这个小女孩的精密推论啧啧称奇：“小妹妹，你还不错嘛！这样的话……范围就缩小到七家大酒店了。”查询过相关资料后，警方渐渐锁定搜寻范围。

明雪回了个“谢谢称赞”的微笑，又说：“接着，再锁定餐厅使用金属筷的大酒店。”

“为什么？”这次连负责开车的警察，都惊讶地回过头来询问。

明雪缓缓道出推论：“何爷爷有好几颗牙都用银粉补过，当金属筷接触到银粉时，不同金属间会产生微弱电流，原理就像伏打电堆一样。电流虽微弱，仍会使人觉得牙齿又酸又麻。”

开车的警察点点头，说：“我在恒春工作十几年了，这条街上的每家酒店都去过，我知道七家酒店中哪家使用金属筷！”

警车很快驶进其中一家大酒店，一个警察询问前台人员：“刚才有没有一位老人叫餐饮进房间？”

“今天是假日，很多房间都点了午餐，但没看到老人……不过，刚有一位年轻男子订房及点餐，然后又匆匆退房，清洁人员刚要进去打扫。”服务生一看到警察前来，知道必定有事发生，赶紧报告异常情况。

明雪和警察交换了眼神，急忙赶往那间房，把正要开始打扫的清洁工请出门外，联络鉴识人员前来搜证。这时，明雪看见房内的咖啡桌上，有吃了一半的饭菜及三双不锈钢筷，地上则撒落数颗干电池，激动地说：“就是这里没错！当何爷爷炫耀追踪监听器时，歹徒知道行迹败露，就把电池拔出，立刻带他离开……难怪信号中断，何贤无法继续追踪！”

与此同时，留守楼下的警察要求酒店提供地下停车场的监视画面，果然发现两名歹徒押着老人搭电梯直接下楼，到停车场后开车离开，难怪前台服务人员从头到尾都没见到老人。

当明雪一行人回到楼下时，留在前台的警员兴奋地宣布："我从监视器画面查到车号了！已通知总部封锁道路，准备抓人！"

不久，歹徒在屏鹅公路落网。原来，歹徒曾向何爷爷借钱，因为积欠金额太大，还不了，他就心生歹念，认为只要何爷爷死了，这笔钱就不必归还。几经打探后，他听说何爷爷参加进香团，就找来一名同伙，跟踪游览车到佳洛水，等待何爷爷落单。接着，他出面邀请何爷爷到大酒店吃饭，还想向何爷爷再借一笔钱，待钱到手、杀害何爷爷后，除了原来的债不用还，又能大赚一笔！

由于歹徒与何爷爷本就相识，所以何爷爷不认为自己被绑架了，直到歹徒抢走监听器拔除电池，他才知道对方不怀好意，但已遭人控制，身不由己。幸好明雪推论正确，和屏东警方联手，及时查到歹徒的行踪，他才能平安获救。

■ ■ ■

旅游结束，明雪和奶奶回到温暖的家。爸爸问奶奶：

“明雪有没有好好照顾你？”

奶奶笑着看了明雪一眼，调皮地说：“没有，她总是玩失踪，我常常找不到她！”爸爸深知自己的母亲正在开玩笑，但仍配合演出，故意用责怪的眼神看着明雪。

不知所以的明雪急着辩解：“哪有啊，我每次离开奶奶时，都有交代领队帮我照顾她……”接着，她就把在福安宫和何爷爷交谈，送他去看牙医，及如何帮助警察救回他的过程全都详细地讲了一遍。

明安听得入神，不过他只对神明点钞机感兴趣：“为什么福安宫的金炉，会把金纸一张张吸进去呢？”

“关于这点，我一直到回程时才想通。金炉内燃烧纸钱时，会产生上升气流，从排气口出去。所谓有出就有进，因此外界空气会再由炉口进入，也带动金纸自动飞入炉中。”明雪完全忘记了刚才仍紧张解释“丢下奶奶”事件，开心地和弟弟分享自己的大发现！

笃信神明显灵的奶奶大声反驳：“胡说！那其他地方的金炉怎么不会吸金纸呢？”

明雪努力解释：“有哇！我们烧金纸时，常会发现纸钱飞舞，只不过其他庙宇的金炉有数个炉口，而福安宫的金纸因为由庙方派专人代烧，所以只打开一个炉口，对流现象更为明显。只要有心设计，炉口小而少，上面的排气口大而直，就会出现这个现象！”

奶奶仍喃喃自语：“我还是相信那是神明显灵……”

爸爸笑着对明雪说：“奶奶对你越来越不满了！”

明雪尴尬地吐了吐舌头，赶紧拎着行李，溜进自己的房间了。

科学小百科

大家都知道，水银（也就是汞）因为表面张力大，不会黏附玻璃，加上体积膨胀均匀，因此能做成温度计。但你可知水银常以各种面貌，出现在我们的日常生活中？水银是一种银白色液体，暴露在潮湿空气中，颜色会渐渐变暗，在约 -39℃时，凝固成柔软固体，且能与大多数金属形成汞齐合金。水银导电性好，适用于密封的电器开关和继电器中；密度高和蒸气压低，所以常可见于气压计和压力计；电子、塑料、仪器、农药等工业里，水银及其化合物更常被用来作为原料或催化剂。如此看来，水银像不像一个令人赞叹的千面女郎呢？

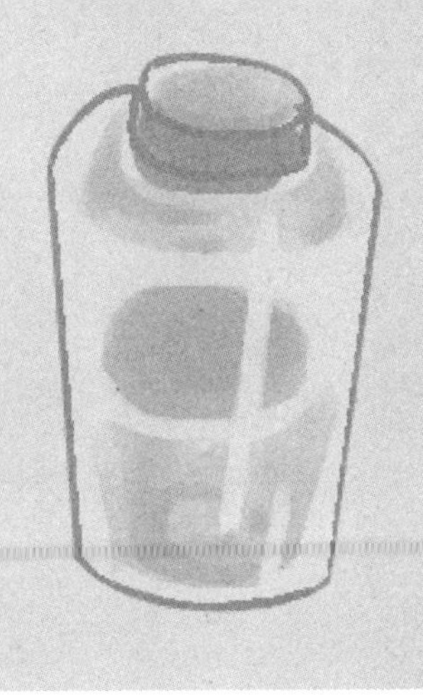

曲高和寡

语文老师正在讲台上忘情地吟着古诗。他今天刻意换上唐装，手持扇子，一边吟诗，一边摇扇，配上满头白发，真是仙风道骨。明雪和同学们都带着微笑，聚精会神地欣赏老师抑扬顿挫的吟唱。

突然，一阵刺耳声响起，班上同学回头寻找来源。只见坐在最后一排的惠宁左手抓着移动电话，右手食指则放在唇边，示意同学别大惊小怪，快回过头继续听课。

明雪瞄了老师一眼，只见他仍闭目诵唱诗句，好像陶醉在自己的吟诵中，根本没听到手机声。

下课后，同学把惠宁团团围住，七嘴八舌地发问：

“为什么你的手机要选那么难听的铃声？”

“好尖、好刺耳哦……”

“为何全班都察觉了，只有老师没听到？”

惠宁得意地为大家解惑：“你们不知道吗？这是最近在欧美广泛流行的‘蚊子铃声’——只有年轻人能听到，中老年人无法察觉！”

她的答案不仅没让同学满意，反而引发了更多问题：

“啊？这么神奇！哪里可以买到？”

“物理老师不是说，人类能感受到的声波频率范围是20~20,000Hz（赫兹）吗？难道年轻人和老年人能听到的频率也不一样？”

惠宁被缠得不耐烦了，粗声回答：“不知道啦！反正我是从网络下载的。上课时我会切换到蚊子铃声，一旦手机响，就赶快关掉，然后用短信和朋友联络，这样就不会因为接电话而被老师处罚了！”

“你切换成振动模式，放在贴身口袋，就可以随时知道有来电啊，又不会惊动别人，不是更好吗？”明雪不解地问。

惠宁露出神秘的笑容："我正在试验最新的作弊方式！如果班上的高手做完题后率先交卷，在教室外打手机，每题都拨一通电话——若只响一声，答案就是A；响两声的话则是B……依此类推。反正老师听不到，这样一来，全班都可以高分过关啦！"

正直的明雪大声斥责："你怎么会这样想！首先，考试带手机，该科以零分计算，难道你不知道吗？其次，若你公然作弊，我会去举报的！"

惠宁没想到明雪会这么生气，只好吐了吐舌头，撒起娇来："我开玩笑的啦！干吗那么凶？"

明雪摇摇头，惠宁是班上最调皮的女生，人虽然不坏，但鬼点子特多——看来，自己得多注意她的行为。

下一堂刚好是物理课，有同学好奇地问老师，年轻人和老年人能听到的声频是否不同？

物理老师为大家解惑："年纪大的人因为听力受损，有老年性耳聋，因此无法察觉高频声音。但他们日常交谈时

不受影响，因为一般人说话声波的频率大约在8,000Hz。”

看同学们听得津津有味，老师欲罢不能，继续解释：“英国有家保安公司利用此原理，制造‘青少年超音波驱逐器’。因为当地许多便利商店门口，常聚集一些无所事事的年轻人，既不购物又大声喧哗，使一般顾客不敢上门；自从装上超音波驱逐器后，它会发出约14,400~17,000Hz的高频刺耳声，使他们不想逗留在商店门口，但年纪较大的顾客根本听不到，所以生意不受影响。”

这时，惠宁指着物理老师说：“老师，奇铮每次到快餐店，点一杯可乐就在那里看书两三个小时。应该建议店长也装设一台，赶走他这种人啊！”

奇铮打了惠宁一下，惹得全班哄堂大笑。老师制止打闹中的两人，宣布停止这个话题。接着，他回头在黑板上写下今天的课程内容。

这时候，惠宁的手机又发出尖锐的声音，她迅速把它关掉。

没想到，老师立即回头质问：“谁的手机发出的声音？到教室后面罚站3分钟！”

惠宁皱眉大喊：“老师，你怎么听得到蚊子铃声？老年人应该听不到才对啊！”

物理老师又好气又好笑：“我今年才27岁，你就说我是老年人？罚站延长为30分钟！”

惠宁委屈地直瘪嘴，全班又是一阵哄堂大笑。

■　■　■

当晚，明雪因为写物理作业，很晚才上床睡觉。

好梦正酣时，明雪却被消防车的鸣笛声吵醒。她起床探看，窗前一片红光，人声沸腾，原来是隔街的电器行发生火灾。经消防队抢救，火势逐渐受到控制，但邻居们仍议论纷纷，担心房主邱辉、他的独生子小合及房客翁老先生的安危。

天微亮时，屋子虽全被烧毁，但听说邱辉外出，且7岁的小合和翁老先生都逃了出来，只受到轻微呛伤，已送至医院检查，邻居们这才放心地回家睡觉。

早上7点，明雪吃过早餐后就步行上学。路过火灾现场，消防队已在屋子四周拉起警戒线，禁止民众进入，等待鉴识人员调查起火原因。由于她参加过数次刑事案现场勘查，已累积出一些心得，因此对此次意外也感到十分好奇。

正在思考火灾可能发生的原因，明雪无意间低头看到手表——7点半！她跳了起来，三步并作两步，匆匆往学校走去。想归想，还是上课要紧！

放学时，明雪又经过火灾现场，却发现魏柏背着相机，由警察陪同，走出封锁线。她急忙上前打招呼："魏大哥，好久不见！你的伤势恢复了吗？"

魏柏是私家侦探，因为无意间搭救过明安，所以成为了明雪一家人的好朋友。不久前，魏柏因为一桩委托案而受伤。

魏柏看到明雪，有点吃惊，但仍笑着回复："完全好了，现在又出来工作啦！"

聊了几句后，明雪邀请他到家里坐坐，魏柏也欣然同意。

到家后，妈妈倒了一杯热茶给魏柏，随口问起：“这次火灾怎么会由你调查？”

“这家电器行投保巨额火险，保险公司当然要调查有没有可能是自己纵火，以领取保险金。因为我和那家公司签有合约，所以他们委托我调查。”魏柏说明来龙去脉。

妈妈皱眉轻呼：“这场大火真可怕！还好小合逃出来了。这孩子善良又聪明，邻居们都很喜欢他。”

明雪好奇的个性又蠢蠢欲动：“调查结束了吗？为什么会起火？”

魏柏欲言又止：“呃……调查还没结束。但根据消防局火灾调查科的初步勘验，起火原因颇为可疑。”

明雪追问：“怎么说？”

魏柏本来不愿多谈，但因为明雪在前次案件推理上有惊人的表现，帮他找到了可疑线索，让追杀的凶手现身，可说是欠她一次恩情。于是转念一想，听听她的意见，说不定对厘清案情有帮助，就说了起来：“起火点有些烧毁

的电器。本来我们认为是电线走火，但后来化验出有汽油的痕迹，所以怀疑是房主自己纵火，诈领保险金……”

“不可能！”妈妈反驳，“邱先生很疼小合，要是他存心纵火，绝不忍心把孩子留在家中。他的电器行生意本来不错，但自从两年前和太太离婚后，就染上酗酒恶习，三更半夜还在外面不回来；再加上白天完全无心经营，生意当然一落千丈。在不得已的情况下，几个月前他把房间分租给翁老先生，增加收入。”

魏柏点点头，说：“据他自己说，昨晚是等小合睡着后才外出的。火灾发生时，他正和朋友们在喝酒，很多人都可以作证。”

妈妈附和道：“对啊！即使他天天酗酒，但对儿子还是很照顾的，不会这么没良心的！”

“若真是如此，我们就得再寻找其他纵火嫌疑人了……不过，现场烧毁的电器残骸分散在两个角落，其中一角是定时器及驱蚊器，另一边也同样有定时器及电热器，而且还有汽油痕迹。此种布置一定有用意，我还在思考该如何解释呢！”魏柏说明目前掌握到的证据。

明雪沉思了一会儿，说：“魏大哥，你有没有问过小合，昨晚他在睡梦中，怎么知道要起床逃命呢？”

“问过了，他说被一种奇怪的声音吵醒，但说不出那是什么声音；而翁老先生则不记得火灾前有任何噪音，他一直处于熟睡状态，是小合敲他的房门，叫醒他一起逃命的。”魏柏翻翻笔记本，为明雪解惑。

妈妈露出欣慰的笑容：“这小孩真聪明，他不会骗人的！一定是菩萨保佑，把他吵醒，让他去救人的。”

明雪看着魏柏：“你还会再找小合问话吗？”

他看了一下手表，说：“我已经请邱辉、小合和翁老先生今晚到我办公室去。”

明雪提出要求：“请容许我在隔壁房间……”

“你想干什么？偷听人家说话很不礼貌！”妈妈打断明雪的话，训斥了一番。

“妈妈，我保证不会偷听他们说话的！”明雪使出撒娇攻势，和魏柏交换了一个默契的眼神。妈妈看到此景，

只得无奈地摇摇头。

■ ■ ■

晚上8点，邱辉带着小合及翁老先生来到柏克莱侦探社。魏柏一面提问，一面把他们的谈话内容记下来。

忽然，小合兴奋地嚷嚷：“就是这个声音把我吵醒的！”那是一种刺耳的嗡嗡声，让人有点不舒服。

没想到，翁老先生却一脸茫然，频频问道：“哪有什么声音？”而邱辉则惊慌失措，不断环顾四周，寻找声音的来源。

魏柏看到他们的反应，心底已有定案。请翁老先生带小合出去后，他疾言厉色地说：“邱先生，我已经知道是你纵火诈领保险金！”

邱辉急忙否认：“哪……哪有？你别胡说！”

“昨晚你等小合入睡后，在家中把定时器等电器设置妥当才出门。当你和朋友到达酒吧，定时器启动音波驱蚊器，发出高频声音把小合吵醒，但翁老先生却无法听见。10分钟后，另一个定时器引发电热器点燃汽油，从屋子角落开始燃烧，才造成这场火灾。”魏柏缓缓道出邱辉的计谋。

邱辉脸色发白，大声辩解：“我这么爱小合，怎么可能让他置身险境？”

魏柏直视他仓皇的眼神：“你一定很有把握他当时会被驱蚊器的噪音叫醒，并能协助翁老先生及时逃出。这种简单的设置，也难不倒你这位电器专家。一般人会以为这是凑巧或天意，才让善良乖顺的小合逃过这场劫难。对儿子的关心及人不在现场的事实，让你摆脱纵火嫌疑，又可领到保险费！”

邱辉呆了半天，知道自己的犯案手法已被拆穿，只好俯首认罪：“没办法，电器行的生意不好，我还欠下不少债务。如果不这样做，我实在还不起……”

魏柏摇摇头，说：“你难道没想到，火势可能蔓延到邻居家？这些人平常都帮你照顾小合，你怎么可以做出这种事？而且，万一小合睡得太熟，没有醒来怎么办？为了

钱，连儿子的命都能拿来当赌注，更何况还有无辜的翁老先生也会被连累，你真是太没良心了！”

“对不起，都是酒害了我……”邱辉掩面啜泣。

魏柏通知了警察和社区分别带走了邱辉及小合，接着走进办公室旁的小房间——明雪正笑吟吟地望着他。

魏柏露出佩服的眼神：“明雪，你怎么知道小合听到的声音是音波驱蚊器？”

“有一阵子，爸爸都会帮爷爷采笋，但竹林里蚊子太多，就买了音波驱蚊器带在身上。只有即将产卵的母蚊会吸人血，这种电器会发出12,000~15,000Hz的高频声音，模仿公蚊声波，使待产母蚊不想靠近。爸爸每次一打开，我都觉得很吵，但他说听不到，还嘲笑我是蚊子投胎的，才能听得到公蚊声波。”忆起这段往事，明雪一脸的不甘心。

魏柏哈哈大笑：“你们父女俩的对话还真幽默！”

明雪没好气地继续说：“那个音波驱蚊器就是到邱辉的店里买的，我想他对电器的功能必定了如指掌。今天下午听你描述火场的状况后，我心里就有了谱，才请你设下这个局，看看是否能趁邱辉心虚时攻破他的心理防线——他比我爸爸年轻，或许对声频有反应。如果刚才我在隔壁启动驱蚊器时，小合没有反应也就算了，反正对我们没有损失嘛！”

魏柏笑着说道：“是是是，多亏你这个小侦探的见多识广及细腻心思。看来，我得多跟你讨教才是！”

明雪害羞地挠了挠头，两人四目相对，发出一串轻松的笑声……

科学小百科

超声波是指声波或振动的频率，超过人类耳朵可以听到的范围的声波，即大于20,000Hz的声波。但某些动物，例如小狗、鲸豚、蝙蝠，却能接收到我们听不到的声音。

另外，超声波由于高频特性，被广泛应用在许多领域，例如工业方面，包括焊接、钻孔、粉碎、清洗等；军事方面则用于雷达定位；医用超音波可看穿肌肉及软组织，常用来扫描器官，以协助诊断。

白色舞衣

星期五明雪放学回家时，妈妈正要出门。她特意叮嘱道：“我去找郑阿姨，你带弟弟去吃晚餐。”

“跳舞的郑阿姨吗？”明雪好奇地问，妈妈点了点头。

郑阿姨本名叫郑柔，是位有名的舞蹈家，和妈妈是高中同学。明雪还小的时候，只要郑阿姨有演出，爸妈就会带着全家前去欣赏。郑阿姨的舞姿曼妙优美，但后来因为练舞导致颈椎受伤，无法再度登台，只好专心经营舞蹈社。明雪也曾上过几个月的课，后来转而对科学产生兴趣，才不再学舞蹈了。

“我好久没见到郑阿姨了，妈，我可以跟你去吗？”

明雪撒娇说。

“你弟弟的晚餐怎么办？”妈妈放心不下。

明雪拍拍胸脯：“放心，打电话要他自己到快餐店吃，他肯定一口答应。”

果然，还在球场上奋战的明安接到姐姐的电话后，立刻欣然接受。妈妈则在一旁要明雪转告他：“明晚是郑阿姨最后一次指导学生演出，务必空出时间，全家人都要去捧场！”

挂上电话后，明雪有点不解：“最后一次指导？”

妈妈感伤地点点头：“郑阿姨虽无法亲自登台，但仍会指导学生演出。因为体力越来越差，她决定明天演出后，舞蹈社就要交给她的学生经营。她一生未婚，全部心血都花在学生身上。幸好他们都很争气，有好几个已在舞蹈界小有名气，她本人也可以安心退休了！”

明雪惊呼：“这么早就退休？我们是到舞蹈社找她吗？”舞蹈室有两层楼，一楼是练舞场地，二楼则是放置道具的仓库及郑阿姨的办公室兼卧室。

妈妈摇摇头，说：“不，他们今晚在剧场彩排，我们快点出门吧！”

■ ■ ■

两人到达剧场时，彩排已经开始。因为很多学生都认识妈妈，所以热情招呼她们坐在观众席的第二排。郑阿姨坐在第一排，只向她们微笑着点了点头，就专心盯着台上的演出。学生在她面前摆了张小茶几，上面有一杯正在冒着热气的白开水。

台上饰演仙女的年轻女子身穿全白舞衣，正以优美的身段旋转跳跃着。

妈妈悄悄对明雪说：“她叫谢智，是所有学生中最有才气的，不但人漂亮、舞跳得好，还懂得裁缝，很多舞衣都是她制作的。”

不久，上来一名扮演丑角的男生，脸涂得白白的，跳着滑稽舞步，让明雪笑得前俯后仰。

妈妈边笑边说：“这是张彦昕，很有搞笑天分，管理

才能极佳，舞蹈社的行政事务由他掌管。”

听闻两人都是得意门生，明雪深感好奇，问：“郑阿姨会把舞蹈社交给谁呢？”

妈妈摇摇头：“不知道。明天表演结束后，她才会宣布继承人。”

彩排中途，明雪到外面上厕所。当她关上厕所门时，听到有人匆匆踏入，低声讲手机。“你放心，我有把握老师一定会把舞蹈社交给我……再宽限几天……等卖掉房子，我就有钱还你……”

由于悄声谈话，明雪听得不太清楚。那人结束通话后又匆匆离去，明雪出来洗手时，已不见人影。

彩排结束后，郑阿姨过来，摸摸明雪的头，说：“哇，几年不见，明雪都长这么高啦！”

“阿姨，你为什么那么早退休？”明雪问道。

郑柔叹了口气：“唉！颈椎的伤让我长期失眠、头痛，没办法再教舞蹈了。”

妈妈关心地说：“你要多注意身体，别太劳累了。”

她无奈地回复:“我已经严格控制饮食，只喝白开水，三餐也都以蔬菜、水果为主。但是有什么办法，身体还是一直恶化。”

因为学生还等着郑阿姨对彩排做评论与指导，闲聊几句后，明雪便与妈妈离开剧场。

■ ■ ■

星期六晚上，全家人早早用过晚餐，便乘车到达剧场。爸爸问妈妈:“要不要先到后台和阿柔打招呼？”

妈妈想了一下，说:“还是不去了，她现在肯定忙得很！”

全家人坐定后，不断向台前张望，却没看到郑阿姨的身影。不久，灯光熄灭，表演即将开始。

妈妈有点不安地说:“怎么还没看到阿柔？”

爸爸拍拍她的手背，安慰她说:“别紧张，也许还在后台忙吧！”

言谈间，谢智出场了，白色舞衣衬托出她优美的体态，胸前一朵红花更显妩媚，观众不禁发出阵阵赞叹声。

接着，饰演小丑的张彦昕也上场了，他搞怪的演出把观众逗得哄堂大笑。

一个多小时后表演结束，演员全部出场谢幕，仍未看到郑阿姨上台。观众散去后，明亮的表演厅内，还是不见她的人影。

“这么重要的场合，她不可能缺席！”妈妈觉得不对劲，带着全家到后台寻找。

后台闹哄哄的，工作人员正忙着收拾道具。明雪四处张望，仍没看到郑阿姨，却发现谢智、张彦昕和几名演员正与李雄谈话。由于表演刚结束，大家来不及卸妆，演出服也都穿在身上。

爸爸看到李雄在场，吓了一跳：“你怎么会在这儿？”

“我来办案，你们怎么也在这里？”李雄也惊讶不已。

“办案？”李雄的回答让整晚没见到郑柔的妈妈有了不祥之感。

“舞蹈社负责人郑柔在一个小时前，被人发现遇刺身亡，倒在舞蹈社二楼的卧室中。”他语调沉重。

“什么？”妈妈双腿一软，差点跌坐地上，幸好爸爸扶住她，明雪急忙搬了张椅子让妈妈坐下。

李雄得知妈妈和郑柔是同学，又听明雪叙述昨晚目睹郑阿姨指导表演的经过，就回头向演员问话：“你们都说说昨晚彩排后的事吧！”

谢智难过地说：“彩排后，所有人直接坐车回到舞蹈社又开了场检讨会，然后老师就要我们回家，说今天表演前再来搬些小道具就可以了。”

李雄询问大家：“你们离去后，还有谁见过郑柔？”

学生们你看我、我看你，纷纷摇头。一名圆脸的女学生突然出声：“今天下午我最早到达舞蹈社，见大门锁着，刚要按门铃，张彦昕就到了。他开门让我进去，但仍然不见老师。”

“等一下，除了张彦昕外，还有谁有钥匙？”李雄找到了关键点。

众人摇摇头，张彦昕说：“只有我有，因为老师要我负责社里的总务工作。”

李雄打量了一下张彦昕，接着又问：“你们进入舞蹈社后没见到郑柔，不会觉得奇怪而去敲她的房门吗？”

“老师近来常失眠，有时白天需要补觉，会在门口贴张‘休息中，请勿打扰！’的字条，我们就不敢敲门。”张彦昕低声解释，嗓子有点哑。

李雄又问：“你们确认字条上的笔迹是郑柔的吗？”

几名学生点点头，都说：“没错，那是老师的笔迹，而且她有重复使用字条的习惯。”

谢智补充道：“出发前，老师仍然没有走出房门，我们才决定敲门，不过还是毫无回应。我和张彦昕讨论后，先带演出人员到剧场，留下姿虹继续等老师。”

姿虹就是那个圆脸的女学生，她脸色苍白，说：“我每隔几分钟就敲门，但一直没人回答，最后只好请锁匠来开房门，结果发现老师浑身是血趴在桌上，地上还有把沾血的水果刀，我才急忙报警。”

李雄点点头：“我知道了，刚才谢谢你带我们过来。现在请大家先留下个人资料，若日后有需要找各位问话时，请与警方合作。”

众人被数名警察分开带走，明雪走到李雄身边询问：“李叔叔，这是谋杀案，不用搜查证据吗？”

“张倩已经在郑柔的卧室搜过了，包含血迹、水果刀上的指纹等，那张贴在门上的字条也要做笔迹鉴定。”李雄说明。

明雪忽然瞥见谢智看向李雄，被发现后又迅速转过头去，表情有些怪异，心中一震，便提出建议：“或许……剧场里的物证更重要！”

李雄大吃一惊：“这里还有物证？但案发现场是舞蹈社啊！”

明雪犹豫片刻，说：“我不是很有把握，但总觉得……有件舞衣很可疑……”

李雄不解，压低声音问：“拥有钥匙的张彦昕嫌疑应该最大，你是指……”

“不，或许不是他！张彦昕的行踪当然要查，但昨天我和妈妈观赏彩排时，谢智的舞衣是全白的，为何今天胸

前多了一朵红花？我学过几个月的舞蹈，了解彩排就是正式演出前的最后一次排练，使用的服装道具都和演出时的一样……虽然这只是件小事，但既然发生了命案，我觉得任何不对劲的事都值得追查。”明雪仔细分析道。

李雄想了想，快步走向谢智，要她换下白色舞衣以做化验。谢智十分激动，说：“为……为什么？嫌疑最大的应该是持有钥匙的人，为何要化验我的舞衣？”

李雄定睛看着她，口气极为强硬：“请和女警合作，立刻把舞衣换下！”

眼见李雄一脸“没商量”的表情，谢智只好不情愿地被带走。

接着，李雄劝明雪一家先回去，待查清案情后，再告知他们真相。

■ ■ ■

隔天中午，明雪就接到张倩的电话。明雪深知一定和郑阿姨的案情有关，立刻赶往警局。当她到达时，李雄和张倩正在交换意见，桌上摆了厚厚的检验报告和笔录。

张倩发现明雪到来，开门见山地说："我拆掉谢智舞衣上的红花后，发现下面有溅射的红色污渍，经过检验证明是郑柔的血。根据郑柔身上的伤口分析，凶器是她平常惯用的水果刀，不过刀柄经过擦拭，没有任何指纹。门上的字条经笔迹专家鉴定，确实是她写得没错！另外，我们还在门后角落发现有玻璃杯碎屑。"

李雄接着说："张彦昕已提出不在场证明，洗刷嫌疑；那张字条郑柔平时就会重复使用，只要能进入她的卧室，任何人都可将之贴在门上。另外，依照谢智的说法，她在周五晚上离开后就未进过老师的卧室，但白色舞衣上却有郑柔的血迹。由于涉及重大嫌疑，目前她正在局里接受讯问。"

张倩补充道："我们推论出，谢智当晚并未离开舞蹈社，而是先躲起来，待众人离去后才行凶，因此舞衣上才染有血迹，离去前她还将字条贴在门口。但我们想不通几个疑点：行凶后，谢智舞衣上应该有大量喷洒血迹，怎会只有一个污点？现场的玻璃碎屑和案情是否有关联？因此想请你回想周五彩排和周六演出的所有细节，看是否能找到线索。”

明雪难过地说：“我想，谢智是……为了钱才杀害郑阿姨的。”

李雄瞪大双眼：“为什么你会这样说？”

明雪说出郑柔有意将舞蹈社交给学生管理之事，并叙述周五在女厕中听到的内容：“那些话断断续续的，郑阿姨出事后我才发觉，此人肯定是呼声极高的管理人选，等着继承舞蹈社后将它卖掉以偿还债务……这两个学生中，只有谢智会进出女厕。”

张倩接着推论：“所以周五当晚，谢智进入郑柔房间后，询问老师把舞蹈社交给谁管理，结果不如预期，她一怒之下，就随手抓起水果刀，刺杀郑柔。”

李雄仍有不解之处：“这样一来，她身上应该会有大量血迹，等她回家后，只要洗去血迹即可，怎么会缝制红花企图掩饰呢？这岂非更引人质疑？”

三人沉默了一会儿，明雪好像想到了什么，大声喊道："我知道了！周五彩排结束后，我看到谢智在舞衣外罩了件外套！大部分的血肯定都溅到外套上了，只有少数沾到舞衣上。但她为何用红花遮盖，这我就不知道了……唉，郑阿姨自从受伤后，努力维持身体健康，甚至只喝热开水、吃大量蔬菜水果，没想到还是这么早就走了。"

明雪和郑柔毕竟有过一段师生情意，生离死别的伤痛自然难免，李雄和张倩只能轻声安慰。张倩还特意倒了杯热茶让她平静一下，看着桌上冒着热气的茶水，张倩忽然念头一闪："或许……正是郑柔的热开水让谢智无所遁形！"其他两人好奇地望向张倩，一副洗耳恭听的模样。"郑柔被刺后，或许曾拿起装有热水的杯子，扔向谢智，玻璃碎片才会散落一地。"

明雪惊呼一声："对了！我听化学老师说过，蛋白质遇热会变性凝固，血液里含有大量蛋白质，遇热自然也有同样的反应！"

张倩赞赏地点点头："有刑事专家做过研究，血迹若用肥皂水清洗过，用鲁米诺检验出的概率是50%；但如果

曾遇热，检验出来的概率会大大提高。”

李雄迅速将案情串联起来：“所以谢智回到家中，急着清洗舞衣，却发现血迹遇热后凝固，怎么也洗不掉。因为隔天就要登台表演，来不及重做一件舞衣，她只得冒险，在血迹上缝制大红花，企图掩盖一切！”

三人眼神交会，明白真相大概八九不离十。李雄于是找来几名警察，下令调查谢智的财务状况，全力寻找那件沾有血迹的外套等相关事宜后，便接手询问谢智，看是否能一举突破她的防线，让她招供实情。

不久后，李雄带回好消息——谢智听到警方检验出舞衣上有郑柔的血迹，掌握她向地下钱庄借贷却投资不利的近况，还在舞蹈社后院一堆装着等待清运的废弃道具的黑色垃圾袋中，发现沾有郑柔血迹的外套后，终于俯首认罪。

■　■　■

明雪回家后，一五一十地将郑阿姨命案的来龙去脉告诉了妈妈。

妈妈想起郑柔花费心血栽培学生，没想到竟被忘恩负义的谢智所害，不禁眼眶一红，抱着明雪流泪。随后转念一想，最后是由自己的女儿为她抓出凶手，阿柔若地下有知，应该也会很欣慰吧！

科学小百科

蛋白质遇热会凝固，因此不止血迹，就连蛋液和牛奶等物质造成的污渍都禁用热水清洗，因为其中含有大量蛋白质，只会让你越洗越脏！

衣物刚沾染上这些难洗的污渍，到底该怎么办呢？建议你可立即用冷水清洗，再用肥皂重复搓揉数次就好了！如果还是洗不干净，可先用去污力较强的肥皂水浸泡一晚，隔天就可轻松除垢，还你一件干干净净的衣物！

水火同源

下课后，同学们都在讨论昨天电视上的新闻。一名江湖术士将一摞金纸放在手中，喃喃念过咒语后再丢进水盆，神奇的事情就此发生——被水浸湿的金纸竟起火燃烧！记者报道，这名男子宣称拥有法术，这令他主持的神坛香火鼎盛，因此赚了不少香油钱。

有同学还真相信这位法师有法术："事实摆在眼前，由不得你们不信！水是用来灭火的，但他竟能由水引发火，真是太神奇了！"

也有同学持反对态度："拜托，都什么时代了，还信这一套？他肯定动了手脚，只是我们不知道在哪里罢了……

嗯，说不定那盆根本不是水，或者金纸是特制的！”

这时惠宁扯了扯明雪的衣袖，问：“这则新闻你看了吗？”

明雪摇摇头。

惠宁兴奋地说：“我看过了，真的很神奇！但我不相信那是法术。你觉得是哪里被动了手脚？”

明雪苦笑着说：“我根本没亲眼看过，怎么会知道？不如下一堂化学课问问老师吧！”

上课时，老师听完大家的问题后，笑了一笑，说：“这个法术我也会，你们等我一下！”接着他就离开教室。

同学们面面相觑：“啊，老师也会施法？”

过了几分钟，老师端着一个塑料盆走进教室，里面装了一些实验器材。他把塑料盆放在讲桌上，戴好安全眼镜和手套后，便拿起其中一个玻璃瓶，要全班同学注意看。

明雪注意到瓶里是透明油状的液体，其中还浸泡着几颗灰色固体。

老师补充道：“这里面的固体是钠，它的活性很大，在空气中会迅速氧化，所以书本上都说钠要储存在煤油中。”

接着，老师拿起空杯子，要明雪去装半杯自来水。“为了避免等一下有人怀疑这个法术，误认为我在水里动手脚，所以请明雪去拿水。她总不会骗你们吧！”

等明雪回来后，老师让她把水放在讲桌上，接着抽出一张滤纸，说：“因为钠的表面沾满煤油，所以我们要用滤纸吸干煤油。”老师打开装钠的小瓶子，用镊子夹起油里的固体，放在滤纸上。

“你们看，它目前呈现灰色，那是和空气中的氧反应的结果。我用小刀把氧化物去除，让你们看看它本来的面貌。”老师熟练地切下一小块钠，大约只有绿豆般大小，再削掉表面的薄层。大家惊讶地发现，钠的颜色不再灰蒙蒙的，而是具有金属光泽的银白色。

老师接着说明：“现在我得马上进行实验，否则钠又会与氧结合，变成灰色。”他迅速将钠丢到水中，只见它在水面不停打转，先是冒出一点烟，然后出现火焰，随着

钠在水面移动，火焰也跟着跑，直到钠作用完毕而消失，火焰才跟着消失不见。

看到老师和电视上的术士一样，不靠火柴或打火机就能在水面变出火来，同学们不禁兴奋地鼓起掌来。

老师笑着回应：“我比他还厉害，连咒语都不必念，就能从水里变出火来！明雪，你是化学课代表，可以解释法师是在哪里动手脚的吗？”

明雪思索了一会儿，说：“我想，他是把钠藏在金纸里，当金纸被放入水中时，水与钠发生反应后就起火燃烧，引燃一部分尚未浸湿的金纸。”

老师点点头，说：“完全正确。老师再问你，你初中时做过钠与水的实验吗？”

明雪迟疑片刻，说：“没有，这个只在课本上看到过照片。”班上同学全都附和地点点头。

老师叹了一口气，说：“因为这个实验很危险，只要钠粒像花生那么大小，就可能引起爆炸，所以不敢让初中生进行实验。但我很惊讶，既然你们都看过相关照片，怎么没人将术士的把戏跟学过的化学知识结合起来呢？”

明雪低下头暗自反省，这么简单的手法，自己怎么没想到呢？

老师又拿出外形像眼药瓶的一个小瓶子，里面装着透明无色的液体，说：“这是酚酞指示剂，它在酸性和中性的溶液里都呈现无色，只有遇到碱才会变成红色。”接着，他加了两滴酚酞到化学反应完成的那杯水中，果然呈现鲜艳的粉红色。

“钠与水反应时，除了产生可燃的氢气，还会产生碱性的氢氧化钠。”老师补充道。

生性顽皮的惠宁又动起歪脑筋：“老师，能不能请你使用颗粒大一点的钠，让我们见识见识它在水上爆炸的情形？”

老师厉声拒绝：“不行！要做这么危险的实验，得有绝对的安全措施，不能在一般教室里进行。好啦！这个实验到此为止。因为老师下课时要赶到教务处领取高三的模拟考卷，明雪，等一下你帮我把这些实验器材归还

给设备组。”

明雪点点头，惠宁则热心地说：“老师，我帮你。”

老师不放心地叮咛了一句：“钠很危险，一定要立刻送回去。”看着明雪和惠宁乖巧地应了一声，他才开始上课。

下课时，明雪小心地端着塑料盆往设备组走，惠宁跟在她身旁。经过办公室时，班主任正巧看见她们经过，便走到门口叫住明雪，明雪只好把塑料盆交给惠宁，跟着班主任走进办公室。

仔细记住班主任交代她明天下午大扫除要注意的事项后，明雪便快步走出办公室，继续跟惠宁一起前往设备组。

待归还完所有器具，离开设备组之前，明雪还回头看了一眼装器材的塑料盒——幸好钠还在。当调皮的惠宁自告奋勇要陪她归还器材时，她还担心惠宁是不是想偷走那瓶钠，自行试验它的爆炸威力。原来自己误会她了！

放学时，明雪和惠宁有说有笑地走出校门，蓦然发现魏柏的身影。

“嗨！魏大哥，你怎么站在这儿？”明雪出声询问，接着为惠宁和魏柏彼此介绍一番。

待打过招呼后，魏柏露出苦笑，说：“我是专程来找你的。”

“找我？有什么事吗？”明雪感受到一丝不寻常的气息。

“是这样的……”魏柏尴尬地挠挠头，“你知道，我跟一家保险公司签订合约，负责调查理赔事件。近来有一间知名园艺连锁店，两年内四家分店被烧毁，让保险公司赔了不少钱，最近一次火灾是在前天发生的。虽然知道事有蹊跷，但他们找不到人为纵火的证据，我接手后也没有头绪……上次你不是帮我解决了电器行火灾的案件吗？所以我才想请你去现场看看。”

听到又有挑战，明雪跃跃欲试：“我当然千百万个愿意啦！但我得先跟妈妈说一声，还有我同学……”

听到明雪答应了，魏柏脸上的阴霾顿时一扫而空：“别担心！我刚刚已经打电话跟你妈妈说过了，她要你别

太晚回家就好。”

古灵精怪的惠宁也兴致勃勃地说：“太好啦！我也去，我不着急回家。”

待惠宁打电话取得父母同意后，魏柏提议说：“我们先到园艺店创办人——程家霖正常营业的其他分店看看吧！”

明雪和惠宁互看一眼，士气高昂地坐上了魏柏的车。

■　■　■

程家霖的店主要卖盆栽和园艺材料，店铺中央摆放着各式各样的花草植物，为保持植物翠绿，上方装有定时浇灌的水管。靠墙处则有许多园艺用品，包含花盆、肥料等。明雪仔细查看每项商品，园艺店店员亲切地询问她想买什么，明雪只是微笑着摆了摆手。

走出店门后，明雪说：“现在到前天烧毁的店去看看吧！”其他两人点头表示赞成。

经过几十分钟的车程，三人来到火灾现场。四面墙已烧得焦黑，园艺用具也面目全非，眼前景象一片狼藉，只有店中央的花草植物堪称完好。

“魏大哥，起火点在哪儿？”明雪绕着看了一圈儿后，出声询问。

魏柏指着墙角一团焦黑难辨的物体，说：“看，就是这个捕蚊灯。鉴识人员发现以它为中心，屋里的物品都向外倒，因此怀疑曾发生爆炸，但没查到炸药残迹。”明雪又问：“程家霖本人有不在场证明吗？”

魏柏翻了翻笔记，说：“有，因为他的分店很多，他每天都会轮流巡视。火灾发生当天，程家霖正好到这一家分店，打烊时他让店员先下班，自己最后才离开。据他说，锁完店门后他搭公交车换乘地铁回家。警方调查发现，火灾是在程家霖离开一小时后发生的，他正好在地铁站，有监视器画面为证。”

明雪蹲下去仔细观察，又走到花草盆栽区检查。她注意到地上有一坨白色泥浆，抬头一看，上面正好是浇花水管的出水口。

耐不住性子的惠宁大声嚷嚷：“明雪，你在看什么？”

明雪解释道:“你看，上面是出水口，这里却有白色泥浆……”

反复念了几次“水、爆炸”之后，惠宁突然兴奋地大叫:“我知道了！程家霖把钠放在地上，等洒水时钠就自动引爆啦！明雪，我这次比你早破案！哈哈！”

明雪皱起眉头:“有点不对劲，地上的白色泥浆……”

“谁说不对？我证明给你看！”惠宁从书包里拿出状似眼药瓶的瓶子，在白色泥浆上挤出几滴液体，结果立刻呈现粉红色。“你看，是碱性，是钠没错！”

看到惠宁“举证”的工具，明雪又好气又好笑:“早上我就觉得你那么热心陪我去还器材，肯定别有用心。你果然偷拿实验器材……还好，我本来担心你会拿走钠。”

“不要说‘偷’嘛，多难听啊！我只是看酚酞遇到碱性物质会变成漂亮的粉红色，所以想偷拿一些出来玩玩。钠太危险了，我才没那么笨呢！万一它在我的书包里爆炸，那可不是闹着玩的。”惠宁依旧嬉皮笑脸。

看着两人你来我往停不下来，魏柏举起双手制止:

“你们能先等一等再聊吗？刚刚惠宁说的，就是程家霖的纵火手法吗？”

惠宁点点头，但明雪仍持反对意见：“她的推论有误。”

“为什么？”惠宁很不服气。

明雪娓娓道来：“首先，早上老师实验完毕后，杯子里有白色泥浆吗？”

惠宁想了想，说：“好像没有，杯子里的水还是透明的。”

“其次，如果是用水引发钠爆炸，起火点会在出水口下方，而非墙角的捕蚊灯。你们想想，四周的墙壁都烧黑了，为何这些花草没事？这表示火灾发生时，浇花的水管正在洒水，所以起火点必定不在这里。”

惠宁一下子泄了气，说：“好吧，那为什么这堆白色泥浆会呈碱性呢？”

明雪扑哧一声笑了出来：“碱性的东西那么多，你怎么知道它必定是氢氧化钠呢？魏大哥，鉴识人员曾检验过这堆白色泥浆吗？”

“有，程家霖供称这是他店里贩卖的石灰，经过检验

后，也证实是熟石灰。据专家表示，石灰遇水的确会变成熟石灰，但找不出它和案情的关联。”魏柏来回翻着笔记本，详细解释道。

惠宁不解地问：“石灰？园艺店为什么会卖石灰？”

对园艺店做了一番调查的魏柏继续解释：“长期施肥的土壤会变成酸性，所以要添加碱性的石灰使土地的酸碱值恢复正常，因此园艺店才会贩卖石灰。”

惠宁恍然大悟地“喔”了一声，明雪则沉默地思考着熟石灰、自来水、捕蚊灯和爆炸之间的关联。突然，一个关于园艺店的回忆袭上的明雪心头……记得爱种水果的奶奶有次为了催熟水果，请她路过园艺店时顺便买点电石回家，那时她因为好奇，特地上网查询电石的特性。

“对了！我知道程家霖的犯案手法啦！”突如其来的大喊，让惠宁和魏柏吓了一跳。

两人异口同声地发问：“你已经破解他的犯案手法了吗？”

“嗯，这坨泥浆并非淋到水的石灰，而是程家霖在打烊后，将店里卖的另一种商品——电石倒在这里，插上捕蚊灯的电源，才锁门离开的。待定时浇水器启动，电石遇水会产生乙炔及熟石灰。乙炔是可燃气体，会四处扩散，而园艺店种了这么多花草，必定会引来许多小昆虫，只要有一只触及捕蚊灯的电网，就可能碰撞出火花，同时引爆乙炔！”明雪仔细说明她的推论。

魏柏双手击掌：“难怪即使程家霖远在车站也能引火，爆炸中心在捕蚊灯、屋里物品向外倒，及出水口下方的熟石灰也都得到圆满解释啦！咦，明雪，你怎么知道园艺店会卖电石这种物品？而且还对它的特性一清二楚？”

“哈哈！因为我奶奶曾托我在园艺店买过电石，将她种的水果赶快催熟。那时我对这种不熟悉的物质很感兴趣，所以就查了一下数据，发现它遇水后会产生乙炔及熟石灰。刚刚你们一直提到熟石灰，才让我想起往事。”明雪微笑着说明原因。

魏柏虽为明雪破解如此完美的犯罪手法感到高兴，但转念一想，嘴角不禁再度下垂，问：“如果石灰与电石遇

水反应后都会留下熟石灰，那我们怎么知道当初程家霖洒下的是电石而非石灰呢？”

明雪两手一摊，说：“两者遇水的反应我们在初中和高中都学过，我只是凭知识做出推理罢了，其他的仍得靠警方搜集证据啦！我倒是可以贡献一点线索——当我们把电石加水时，除了产生乙炔外，还有一股很臭的味道，但书上却说乙炔无色无味；当时我曾问过老师，他说那是因为电石含有硫和磷等杂质，所以才有臭味。你不妨建议警方检查泥浆里除了熟石灰外，是否还有硫和磷等成分。”

魏柏在笔记本上写下明雪的推论及建议后，如释重负地点了点头。

“终于解决了，我们去吃晚饭吧！”明雪一脸轻松地挽着惠宁往外走去。

魏柏边收起笔记本，边笑着响应：“你帮了大忙，我请你吃晚餐。”

“你还是快请鉴识专家详细分析这坨泥浆，再询问园艺店的工作人员，看看当天程家霖有没有什么奇怪的举动。等破了案，再让你请客吧。”明雪贴心地说。

惠宁在旁边插嘴：“见者有份，我也要吃大餐！”

明雪瞪了她一眼：“这瓶酚酞的账我还没跟你算呢，你还想吃大餐？”

惠宁吐了吐舌头，做了个“投降”的表情，魏柏则被两人逗得哈哈大笑。

■ ■ ■

隔天的大扫除时间，明雪接到魏柏的电话，他说：“警方仔细化验白色泥浆后，由里面的杂质证明那是电石与水反应的残余物。另外，他们在店门口找到了电石粉末，显示当天纵火的人洒下电石后，有些碎屑还沾在了衣物上，当他匆匆离去时便留下了证据。警方又仔细查看了另外三起火灾的调查报告，也都发现现场留有白色泥浆，只是当时的调查人员仅证明其为熟石灰，找不到它和整起纵火案的关联。”

明雪不禁询问：“那程家霖呢？”

魏柏沉吟了一会儿，说:“虽然花费许多时间，警方终于在程家霖待洗的衣物上发现了电石碎屑，已经让他俯首认罪了。这周六中午我请你吃大餐，我已打电话邀请了你的父母，他们也答应了，你记得帮我邀请明安和惠宁一起来啊！”

明雪看了旁边的惠宁一眼，说:“昨天设备组的老师在清点器材时，发现少了一瓶酚酞，结果发现是惠宁拿走的。”明雪停顿了一下，故意大声说:“要邀请惠宁吗？很可惜呀，她没口福啦！老师罚她这个周六到学校帮忙整理实验器材呢！”

“哼，不公平！”惠宁听到明雪的对话，大约知道自己错过了什么，只得哭丧着脸，为自己的顽皮付出的惨痛代价而懊恼不已！

科学小百科

乙炔（C_2H_2）在室温下是一种无色易燃的气体，除了可焊接金属外，也是制造聚氯乙烯（PVC，塑料的一种）的原料，在工业上用途不少。

本文所述的电石（CaC_2）遇水产生乙炔及熟石灰［Ca（OH）$_2$)］的反应方程式则为：

$CaC_2 + 2H_2O \rightarrow Ca(OH)_2 + C_2H_2 \uparrow$

植物在腐败过程中会释放出乙烯催熟，但乙烯不易制造，因此果农大多用电石制造乙炔，同样有催熟的效果。

暗夜明灯

今天是星期天，闲着没事做的惠宁打电话给明雪，抱怨周末太无聊。现在已经到秋天了，明雪提议趁着现在气温较低，山上的蚊子也少了，到山上走走。闲得发慌的惠宁一口答应。

秋天的阳光依然炙热，幸好周围树林茂密，让一向怕晒黑的两个小女生仿佛有了把绿色的大保护伞。

步道上游客稀稀落落，走了不到一半路，竟然只剩下惠宁和明雪两个人，她们倒也不甚在意，仍然边往山上走边欣赏优美风景。

不久，惠宁嘟着嘴抱怨：“我饿了。爬山真的很耗体

力啊！”

“我知道前面有座凉亭，那里有卖饮料和泡面的。”明雪曾跟着爸妈来这儿爬山，总是在凉亭饱餐一顿后才继续往上爬。不只他们，许多游客也习惯在凉亭歇歇脚，体力好的人继续登顶，体力较差的吃完东西后便折返下山。

今天游客非常稀少，明雪不确定在凉亭卖食物的阿婆是否还在做生意；但为了鼓励惠宁往上爬，姑且用食物鼓舞一下她吧！

一听到前面有东西可吃，惠宁顿时精神奕奕，加快脚步往前走。

大约走了15分钟，终于到达凉亭。大概生意太冷清了，阿婆正在凉亭里打瞌睡。

待明雪叫醒阿婆后，阿婆殷勤地招呼两人。

“阿婆，我们要吃泡面！”惠宁开心地大喊。

“啊？对不起，因为生意不好，今天还没烧热水。你们等我一下，开水马上就好。要不要先喝杯茶？很解渴哦！”

明雪和惠宁坐在凉亭的椅子上喝茶，等着阿婆煮泡面。

阿婆按了几下瓦斯点火枪，但只产生零星的火花。“奇怪，怎么坏掉了？”

明雪见状，感兴趣地说：“让我看看，以前做实验时我曾用过这种点火枪。”

她拆开点火枪一看——原来没电池了，虽有火花出现，但无法形成火焰。她对阿婆说：“点火枪要换一把新的了！”

阿婆尴尬地挠挠头：“不好意思，不好意思啊！”

饥肠辘辘的惠宁连忙阻止她：“没关系的阿婆！你把泡面卖给我，我捏碎了就可以直接吃！”

“不煮熟怎么能吃？”阿婆疑惑地问。

惠宁笑着说：“这种吃法正流行呢！”

明雪则拿着点火枪走到火炉边，对阿婆说：“阿婆，请你打开瓦斯，我来试试看。既然有火花，应该可以点燃瓦斯才对。”

阿婆扭转开关，明雪乘机将点火枪移到火炉口，同时

按下开关。“轰！”的一声，炉火瞬间点着了。

阿婆赶紧烧水，将两份泡面放入锅里煮，顺便打了两个鸡蛋。

惠宁好奇地问明雪：“你刚刚拆开的点火枪里不是没有电池吗？为什么按下开关会产生火花呢？”

“点火枪引火并非依靠电池，而是压电陶瓷。”明雪耐心为她解惑。

“压电陶瓷？”

“对，压电陶瓷可将压力转变为电压——按下开关的瞬间产生压力，压电陶瓷就将之转换成几千伏特的电压。高电压经电线传导至枪口与另一条地线间，便产生放电现象，因此出现火花。”

“好神奇哦！”惠宁感到不可思议。

明雪笑着说：“瓦斯炉也是利用压电陶瓷点燃的呀！”

“但我家的瓦斯炉不是用按的，是用旋转的啊……”惠宁不解地问。

“不管如何启动开关，只要将压力传导到压电陶瓷上，就会造成电压及火花。上次做实验时，我发现点火枪不需要电池就能产生火花，便请教老师其中的原理，这些都是老师告诉我的。”

惠宁点点头，对明雪的博学多闻更加崇拜了。

这时，阿婆端来两碗泡面，明雪和惠宁捧着热腾腾的面，大口吃了起来。

饱餐一顿后两人打算继续赶路。阿婆看今天生意冷清，唯“二”的客人也要走了，只得无奈地叹气：“唉！生意真差，我也要回家了。”接着便开始收拾东西。

明雪以前就好奇阿婆是如何把东西搬到山上做生意的，今天恰好遇到她要回家，便感兴趣地问：“阿婆，你家住哪里呀？”

阿婆指着凉亭旁的林间小径，说：“从这里走过去，大概半小时就到了。”

她把收拾好的东西收进大布包内，接着扛上肩，手里还提着两个袋子，转身就要往小径走。

惠宁看看凉亭里的瓦斯桶和锅碗瓢盆，细心提醒她：

“这些都不用带回家吗？”

阿婆笑了笑，说：“我哪有办法扛那么多东西？只能带走食材和小东西。反正大件的也没人扛得走，就留在这里吧！”

明雪见阿婆肩上扛一包，手里又提了两袋，便和惠宁商量：“我们从这里走到山顶大概要半小时，干脆帮她把东西提回家吧——反正都是运动，走哪条路都行吧！”

惠宁同意，两人分别接下阿婆手上的袋子。阿婆虽连声说“不必”，但寂寞的她也很高兴有人陪伴，半推半就之下，三人就沿着林间小径走向另一座山头。

一路上，好奇的明雪不停地问：“阿婆，山路这么狭小，当初你的那些瓦斯炉是怎么搬上来的？瓦斯用完了要怎么换新的呢？”

阿婆笑着回答：“这都要靠我儿子！以前只要一没瓦斯，我就打电话告诉他，让他开车从另一条路送瓦斯，再慢慢扛上来。”

“哇！阿婆有这么孝顺的儿子，很好命啊！”惠宁大喊。

“唉！虽然他很孝顺，但是毕业后到社会上结交到坏朋友，惹出不少事。昨天我还接到电话，说他打伤人，对方要报复，所以必须躲起来，有一阵子不能回山上……”阿婆说到伤心处不禁落泪，明雪和惠宁急忙轻拍她的肩膀，好言安慰。

不知不觉间三人已翻越山头，来到阿婆家的小木屋前。阿婆赶紧将门打开，让明雪和惠宁进屋。

刚进屋不久，有三名陌生男子突然闯入。带头的那人50多岁，身材微胖，目露凶光；左边的男人40岁左右，下巴四四方方的；右边的男子最年轻，头发长而蓬松，像只公狮。

阿婆惊讶地问：“你们要找谁？”

带头的胖子一脸不耐烦，问：“廖哲骏是你儿子吗？”

“是啊！他……他不在……”料想到是儿子仇家找上门来，阿婆颤抖着声音回答。

胖子威胁道：“他不在没关系，我是来找你的！听说

他很孝顺，找到你就不怕他不出面！哼！”

“你……你们找他做……做什么？”

狮子头愤恨地说：“他打伤我们老大的儿子，今天要叫他吃不了兜着走！嘿嘿！”

“别说那么多废话，统统带走！”那胖子喝令。

接着他抓住阿婆，方下巴限制惠宁的行动，狮子头则往明雪的方向走去。

明雪见对方的左手小指包裹着纱布，便狠狠地朝那只指头捶下去！

“啊！好痛！”狮子头哇哇大叫。

阿婆大声求饶：“我儿子打伤人，你们抓我没关系，但这两个女孩只是好心帮我提东西回家，与你们无冤无仇，别为难她们……”

狮子头又痛又恼，不肯轻易罢手，仍准备对明雪动手。

这时胖子出声制止：“算了！反正车子也装不下那么多人。你先收走手机，免得她们报警，再把人关在屋里。这里那么偏僻，根本不会有游客经过；等到有人发现时，我们和阿骏间的恩怨也了结了！”

闻言，狮子头才不情愿地作罢。

明雪和惠宁只好乖乖地交出手机，三人押着阿婆，由外头将门上锁，再剪断屋外的电线，以防室内的灯光透露出人迹。

见他们走远，两人试着撞门逃走，无奈力气不够，只能坐在屋里叹气。

天色逐渐变暗，明雪为两人打气：“我出门前曾向爸妈报备要到这里爬山。如果天黑了还没回家，手机又打不通，他们一定会上山找人。”

惠宁皱着眉说：“但我们已经偏离登山步道。”

明雪站在窗户旁眺望远方，说：“你瞧！那不是凉亭吗？既然这里能看到凉亭，那边的人就可以发现这里。爸妈常带我来爬这座山，他们若上山找我，一定会走到凉亭。”

惠宁可没这么乐观，说：“那有什么用？隔了一座山头，风又那么大，就算喊破喉咙也没人听得到求救声。况

且夜里的山区一片漆黑，他们怎么会知道我们在这儿呢？”

明雪灵光一闪，想到手边还有阿婆的袋子，便把里面的东西倒出来——一把瓦斯点火枪和一些零钱；惠宁也察看屋子四周，在角落发现一盏提灯。

惠宁赶紧按压提灯的开关，却不见亮光。大失所望的她将灯拆开，发现电池上布满白粉，早就坏了。“阿婆的东西怎么全都坏了？”惠宁失望极了。

“她独自住在山上，不易补充物资嘛！我们找找看屋内有没有电池。”明雪提议，但两人忙了一阵子，还是徒劳无功。

惠宁忍不住碎碎念：“一把没有电池的点火枪，一盏没有电池的提灯，真是绝配！”

明雪仔细观察提灯的内部构造，发现里面装着小日光灯管，她不禁笑着点头：“果然是绝配！”

惠宁不解地看看明雪，明雪却故作神秘：“休息一下，等搜救队伍上山吧！”随后就闭目养神。

急躁不安的惠宁在屋里走来走去，不知过了多久，她兴奋的叫声吵醒了明雪："明雪！有一排亮点往山上移动，应该是来找我们的！"

明雪一跃而起，跑到窗边向外眺望，果然看见数个光点沿着山路蜿蜒而上。她连忙将提灯的小日光灯管拆下，并要惠宁抓住灯管上端。

"我们要做什么？"惠宁百思不得其解。

"等一下你就知道了。"

接着，明雪拆开瓦斯点火枪，拉出里面的电线，放在距日光灯管接头下方约一厘米处。当她按下点火枪开关的瞬间，灯管里竟然出现一道闪光！

惠宁看得目瞪口呆："你有特异功能吗？电线根本没碰到灯管的接头，怎么能把灯点亮？"

明雪笑着回答："压电陶瓷不是会将压力转换成几千伏特的高压电吗？若附近有日光灯管或节能灯泡，就能利用火花放电的方式，将电流传入日光灯管，经由你的手接地，让电流通过，就能点亮灯管啦！这是老师曾表演给我们看的科学魔术，你竟然忘了呀！"

明雪边解释边按了几下点火枪的开关，日光灯管也不停闪烁；惠宁则注意亮点的动向。几分钟后，她兴奋地大喊："耶！他们在凉亭的位置转弯，朝我们这边走来了！"

约半小时后，当地警察带头的搜救队伍来到了小木屋前，两人的父母和警官李雄也在队伍中。

明雪和惠宁大声求救，李雄和当地警察合力撞开木门，终于救出了她们。

妈妈一把抱住明雪，爸爸则递上开水和面包。明雪顾不得自己又饿又渴，急忙把来龙去脉向李雄报告，请他尽快救出阿婆。

"廖哲骏？我请局里的同事调查一下。"李雄立刻用手机通知山下的警察查案。

接着，李雄向带路的警察致谢："要不是你带路，我们不可能那么快找到人。"

那名警察挠挠头说："没什么！是这两位小妹妹聪明，懂得利用闪光引起注意。这个山区我很熟，一看到闪光的位置就知道来自山头的木屋。待会儿你们不必折返原路，可由另一条宽点的道路下山。我已联络同事开车上来，现在请你们跟我走吧！”

■ ■ ■

途中，李雄详细询问歹徒的长相与案情。不久，局里回报得知的情况：廖哲骏不但前科累累，仇家也很多，一时很难锁定绑架阿婆的歹徒身份，希望他们能再提供更多信息。

李雄描述刚从两人口中得知的歹徒长相，请警察继续追查。

这时，明雪突然想到，说：“对了！那个狮子头歹徒的左手小指缠着纱布，而且我捶打时他的表情很痛苦，可能刚受伤。”

李雄点点头，吩咐电话那头的同事多加留意。

待一行人走到宽点的道路上，路旁果然已有警车等候。李雄和两人的爸妈商量：“有了明雪和惠宁提供的信息，相信我同事很快便能锁定歹徒的身份。因为她们见过

歹徒，我想请两人到局里指认歹徒的信息。我先请警察送你们回家休息，待明雪和惠宁指认完毕后，我再派人护送她们回去。”

明雪的爸爸点点头，并向李雄道谢：“不好意思，劳烦你跑这一趟。老实说，遇到这种事，我真的急坏了，只能拜托你。”

李雄笑着说：“明雪平时帮了我很多忙，说不定等会儿又可以逮到一批坏蛋！”

两人的爸妈皆笑了起来，心头的大石瞬间落下，将女儿交给李雄后便安心回家。

■ ■ ■

待三人抵达警局，警察立刻向李雄报告：“廖哲骏前天在一场帮派斗殴中打伤了两个人——卢明贵和沈英辰，这是他们的信息。”

明雪一看到卢明贵的照片，立刻大喊：“他就是狮子头！”

接着，警员又拿出另一张照片，说："沈英辰的父亲叫沈煜杞，是某大帮派的首脑。"

明雪和惠宁看了沈煜杞的照片，指认是三名歹徒中的胖子。

确定歹徒身份后，李雄赶紧调派部下监视沈煜杞的行踪，吩咐他们伺机救出阿婆，并交代警员护送两人回家。

明雪担心阿婆的安危，说："叔叔，你们抓坏人时要小心，不要误伤了阿婆啊！若非她求情，我一定会被狮子头打得很惨。"

李雄点点头："我知道了，一旦救出阿婆，我会立刻通知你。"

有了李雄的保证，明雪和惠宁才放心地坐上警车，直奔温暖的家。

回到家后，明雪守在客厅，等着李雄的电话。半夜11点多，电话终于响了——是李雄打来的！

"明雪，我们已经顺利救出阿婆了，并逮捕了沈煜杞

和他的手下。廖哲骏因为前去解救母亲，中了沈煜杞的圈套，不慎被打成重伤，我们已将他送往医院。你和惠宁的手机也在沈家找到了，改天再麻烦你们来警局领回。”

挂上电话，明雪回想今天的惊险经历仍心有余悸。希望阿婆终有一天能和她浪子回头的儿子好好过日子——明雪诚恳地许下愿望。

科学小百科

压电陶瓷是指能产生压电效应的天然晶体，压电效应是机械能与电能互换的现象，会随外在压力的增减产生电力，可将机械能转换为电能，也可将电能转换为机械能。

石英（SiO_2）是一种广泛运用的压电陶瓷，除了文中提及的瓦斯点火枪与瓦斯炉，部分打火机也利用石英产生的压电效应点燃火苗。在军事及国防方面，亦常见以石英为压电陶瓷的炸弹装置，由空中抛掷炸弹到地面时，所产生的强大压力使得压电陶瓷引爆炸弹，产生惊人的破坏力。追踪潜艇用的声呐系统，也是压电现象的应用。

绿色“孔”怖

今天是星期六，不用上课，明雪比平常晚起床。她梳洗完毕，走入餐厅，看到爸妈已经坐在餐桌前共进早餐，两人一边悠闲地翻着报纸，一边讨论今天的新闻。

妈妈指着其中一则报道说：“你看，台北市卫生局公布水产抽验调查，结果55件水产品中，共有两件不合格，包含台北渔产运销公司的午仔鱼（一种鱼类，福建沿海称为午笋鱼）验出孔雀绿，已令其下架并处以罚款。吃的鱼有毒，这叫我们小市民怎么吃得安心？”

“什么是午仔鱼，是魩仔鱼吗？老师说过，没有一种鱼叫魩仔鱼，那是各种鱼苗的混合，那么小就捞起来吃，

对渔业资源破坏性很大，目前采取限期禁捕政策。”明雪对动物不太了解，一面嘀咕，一面坐了下来，用筷子夹了一个小笼汤包，咬了一口。她探头去看报上的照片，午仔鱼看起来是白色的，看不出加什么孔雀绿啊！她禁不住好奇心，便在咽下口中的食物后，开口问爸爸：“爸，孔雀绿是什么？是孔雀石吗？我看过孔雀石，是很漂亮的绿色矿物，也是有毒的物质。”

她在化学课学过，孔雀石是一种翠绿色的矿物，有些很大，可以当宝石。不过它的成分其实是碱式碳酸铜，和铜生锈后的铜绿成分很类似。毒性来自铜，属于重金属化合物。

爸爸摇摇头说：“不是，孔雀石是含铜的矿物，但孔雀绿是有机化合物，不含任何重金属，只因颜色近似孔雀石，所以取了这个名称。孔雀绿属于致癌物，在老鼠实验中显示可能与肺腺肿有关。”

妈妈皱了皱眉头：“致癌物？那怎么会出现在水产里面？”

爸爸说："传统上孔雀绿是作为染料，可以在丝织品、皮革及纸张上染色，孔雀绿及类似染料的年产量有几百万公斤。不过用在水产上，并不是为了染色，而是用来为鱼治病。"

妈妈怀疑地说："它不是有毒的致癌物吗？怎么还能治病？"

爸爸辩解道："药和毒本来就是一体的两面，用对了就是药，滥用就是毒。"

明雪愈听愈感兴趣，喝了一口冰豆浆后，接着问："它有漂亮的绿色，你说它能当染料，这很合理。可是它能治疗鱼的什么病呢？"

爸爸显得有点尴尬："我也不知道呀，我对水产不熟！"

明雪有点失望："不知道可以问谁？而且我好想瞧瞧它是什么样的绿色，真的像孔雀石那样的翠绿吗？"

爸爸想了一下说："啊，我曾经教过一个学生，名叫陈佑丞。他读高中时，就对养鱼非常有兴趣，不但自己养了好几缸鱼，还利用课余时间帮别人设计鱼缸赚取零花钱

呢！后来申请大学时，他申请了水产养殖系，结果教授一看到他设计的水族箱照片，又对鱼类懂得那么多，马上就录取了他。听说他进大学后，又被老师收入实验室，和硕士、博士生一起进行研究。”

“哇，好棒，如果能当面向他请教就好了。”

爸爸拿出手机说：“我联络看看。”

几分钟后爸爸兴奋地说：“太好了，他说他今天要到实验室，可以为我们解说，还可以拿孔雀绿给我们看。”

妈妈忍不住嘀咕：“不是说好要趁今天放假，去看住院的舅妈吗？”

爸爸本来好像忘了，经妈妈一提醒，赶忙自圆其说：“没关系，都在同一条路线上，先到实验室，再到医院。明安一大早就和同学出去打棒球了，我们三个人去好了。”

这所大学的水产养殖实验室是一间非常宽敞的铁皮屋，里面有一个一个大型塑料圆桶，每个圆桶里养了不同的鱼、虾及贝类，由研究人员操控不同的实验条件，并记录各种变化。佑丞只是大学生，并没有自己的研究主题，只是协助学长学姐进行实验，乘机吸收各种知识。

他拿出一瓶药品说："这就是孔雀绿，孔雀绿对抗卵菌及水霉菌非常有效，这两类的菌会使水产养殖业的鱼卵受到感染。所以很多养鱼的人会买这种孔雀绿水溶液，每天洒一点在水中，结果水产就出现了超标孔雀绿。"

妈妈问："你们实验室也用吗？"

佑丞说："是的，我们用它来治疗淡水鱼的鱼虱，感染到这种病的鱼身上会出现小瘤，来，我带你们去看。"

他带领他们来到墙边长方体的玻璃鱼缸前，里面有许多小鱼，有的全身呈褐色，有的身上有各种不同颜色的条纹。佑丞指着其中一种有蓝、白、红三种条纹的小鱼说："这是阿氏霓虹脂鲤，又称为宝莲灯鱼，你们瞧，它们都感染了鱼虱。"

明雪仔细凑上去看，发现它们身上有许多直径将近一毫米的白斑，像盐粒或糖粒黏在鱼身上。

佑丞在天平右盘上放了一张称量纸，倒了一些孔雀绿

在纸上，果然是漂亮的翠绿色："每一升水加三毫克，恰好符合治病的用量。"

称完之后，他把药洒进鱼缸里，水立刻染上了淡绿色。"像这种观赏鱼，使用孔雀绿治病就没有问题，但是用在食用的鱼类身上，会危害食用者的健康，在许多国家都是禁止的。"

明雪要求佑丞送她一些孔雀绿，她想利用学校实验室尝试做一些实验。

妈妈急忙制止："那是有毒的东西，为什么要带走？何况我们还要到医院探望病人，快点走吧！"

佑丞说："不吃进嘴里就没关系，我称三毫克给你好了，记得碰过一定要洗手，才能吃东西。"

于是佑丞又称了一些孔雀绿，用纸包好了，交给明雪。明雪顺手放入背包里，一家人便匆忙向佑丞告别，赶往医院。

抵达医院后，他们先到一楼的商店买了东西，然后搭电梯前往三楼病房。病人是妈妈的舅妈，年纪很大，平时都由女儿照顾，最近听说发现肝硬化，必须住院治疗。明雪他们赶到时，阿姨正要推着病人去做治疗，明雪他们急忙把手中的东西放下，帮忙推病人。

病人在手术室里治疗时，爸妈就在外面陪阿姨聊天。明雪觉得很无聊，就想回到病房，拿刚才取得的孔雀绿出来玩，告诉父母后，她回到三楼。在病房门口和一个中年男子擦身而过，那人留着西装头，身穿黑外套，拉链没有完全拉上，露出里面的白汗衫，下半身穿牛仔裤。由于妈妈的舅妈住普通病房，所以共有三张病床，每个病人都有各自的陪伴家属，所以明雪不以为意，认为那人是其他病人的家属。

她走进病房后，发现里面空无一人，可能另外两名病人也被推去进行治疗了，她走到病床前翻起自己的背包，打开一看，发现拉链已被拉开，里面包孔雀绿的纸已松开，绿色粉末洒了出来，她急忙翻看放在旁边的小钱包，里面原有的一张千元大钞已经不翼而飞。

她急忙追了出去，走廊上已不见人影，她奔跑到转

角，发现穿黑外套的男子正以飞快的步伐要走下楼梯。她急忙大喊：“先生，等一下。”

那人回头看了明雪一眼，却加快脚步跑下楼梯。明雪急忙跟了上去，转瞬间来到一楼的大厅，果然看到那人正混在人群中想溜出大门。明雪急忙向门口的警卫大喊：“拦住穿黑外套的那位先生，他是小偷，偷了我的钱。”

站在门口的警卫闻言果然把那人拦下，大厅的众人听说有贼，也围在一旁观看，对男子指指点点。

男子气急败坏地说：“小姐，你没有证据不要乱讲，小心我反控你诬告。”

警卫说：“我只是保安公司的人员，无权问案，不过既然这位小姐指控你偷她的钱，而且本医院最近确实频频传出病人及家属遭窃的案件。我会通知附近的派出所前来调查，你有什么意见，请你去对警察讲。”

几分钟后，爸妈及阿姨赶到警卫室，证明他们皮包里的现金全都不见了，但是其他物品则没有丢失。

两名警察到了之后，请护理人员联络同一病房的家属清点财物，结果发现现金全都不见了，但是其他物品没有丢失。明雪心中暗暗叫苦，看来这名窃贼非常狡猾，如果他偷了别的物品，将会非常容易被指认出来，但是钞票却不容易指认，除非你记下了号码，但是正常情况下有谁会这么做？

医院护士还透露，这名男子经常在病房出入，但是没有人知道他是哪一个病人的家属。警察听完护士的证词后，认为这名男子有重大嫌疑，便请他把口袋里的所有东西都取出来，放在桌子上，结果有个放证件的皮夹子，还有好几叠皱巴巴的钞票，明雪知道其中有一张是自己的，其他的钱则偷自爸、妈、阿姨及其他家属。

警察拿出这个男子的身份证，发现他名叫吴叔儒，经通报警察局查询，但局里回复此人没有任何犯罪前科。

吴叔儒理直气壮地说：“我当然没有任何前科，你们抓错人了，小心我告你们。”

警察又请护士协助查阅他有没有在该医院问诊的病历，结果也没有。

警察问：“你到医院做什么？”

吴叔儒说：“我来探望病人，不行吗？”

“你究竟是探望哪一位病人呢？”

“我发现我要探望的病人出院了，正想离开，这位小姐就对我纠缠不清。”

明雪被这么无耻的窃贼气得暴跳如雷。

警察又问：“你身上为什么有那么多现金？”

吴叔儒冷笑道：“笑话，这些钱都是我自己的，有钱又不犯法。你们怎么证明这些钱是你们的？钞票上有你们的名字吗？”

所有被偷走钱的家属面面相觑，连警察也叹了一口气，这个窃贼太狡猾了，恐怕不容易定罪。

没想到窃贼这句回呛的话却让明雪灵机一动：“警官，我有办法证明他是小偷，而且我也能指认我的钞票。”

“什么？”所有人都惊讶地看着明雪，吴叔儒更是吓了一跳。

明雪说：“警官，请你带吴先生去洗手。”

承办警员也搞不懂明雪葫芦里卖得是什么药，明雪凑上前去，在警官的耳边说了几句话，警员点点头，就把吴叔儒带到旁边的洗手间。

妈妈悄悄问爸爸说：“明雪为什么要那个人洗手？”

爸爸笑着说：“明雪说她能指认小偷和钞票时，我也不懂，后来她要疑犯洗手，我就懂了，这个方法真聪明。嘘……注意看，精彩的来了。”

虽然吴叔儒抗拒，但是警员仍然强迫把他的手拉到水龙头下冲洗，结果他的手瞬间变成绿色。吴叔儒吓得脸色惨白，直呼：“怎么会这样？”他用力搓洗，想把手上绿色的痕迹洗掉。

爸爸对他说：“没有用啦，这种有机染料沾到手上，至少要好几天才会褪色。”

吴叔儒回头不解地问：“什么有机染料？”

明雪打开背包，让吴叔儒及警察看那些已经散开的孔雀绿。“我的背包里原本放了这包绿色染料，但是你在翻找现金时，把它的包装纸打开而且弄翻了，我确定你一定

碰到了，而且我的那张千元大钞也必定碰到了。即使量很少，只要一碰到水，就会呈现绿色。我只要测试单张的钞票，就可以找出哪一张是我的。”

接着明雪从那些零乱且皱巴巴的钞票中，挑出几张单张的千元大钞，都放到水龙头下碰一下水，果然其中有一张也和吴叔儒的手同样呈现绿色。

警察笑着说：“凡做过必留下痕迹，这下人赃俱获，你没话说了吧？”

吴叔儒颓然地摇摇头，警察立刻为他戴上手铐，并要求所有丢钱的人跟着到警察局作笔录，并把被偷的钱领回。

科学小百科

孔雀绿是一种有机化合物，通常被当成染料，可以为丝绸、皮革及纸张染色，但也被水产养殖业采用为鱼类用药，不过因为有毒，所以颇有争议。虽然名为孔雀绿，但和孔雀石的成分完全不同，只是颜色相似而得名。

本文所描述的抓贼方法，并非作者杜撰。在1954年出版的《警察期刊》(*The Police Journal*) 中，一位美国警官描述了这种药品可以磨成粉状，用刷子刷在诱饵(如金钱) 上。不过要在诱饵附近安排知情的职员，大约每隔一小时巡视一次，一旦发现诱饵被偷，就要立刻通知警方封锁现场，然后对所有人的手及衣服喷水检验，那个出现绿色反应的人就是小偷。

笼中之鸟

看完电影《顶尖对决》后，惠宁对剧中魔术师的高超手法佩服不已，她高兴地宣布："这次期中考试后的庆祝会，我要表演魔术！"

明雪有点惊讶："你又没学过魔术，怎么变得出来？"

"哈！"惠宁不屑地说，"这有什么困难？只要挑个简单一点的，例如电影中的笼中之鸟魔术，就没问题啦！而且我家正好养了一只可爱的金丝雀，可以拿来表演，顺便炫耀一番。"

明雪记得那个魔术——魔术师先向观众展示长宽约15厘米、高约20厘米，由铁丝围成的长方体鸟笼，并让

大家确认里头真的有一只活生生的小鸟，接着他动了动手指，“啪”的一声，笼子和鸟同时不见！观众皆拍手叫好，但是……

明雪忍不住责骂惠宁：“你看电影时睡着了，还是天性残忍？”

经她提醒，惠宁想起电影中的细节——现场所有观众都相信魔术是假的，只有一名小男孩悲恸大哭，并声称：“魔术师杀了小鸟！”他的阿姨还不断告诉他魔术是假的。后来电影揭露手法，原来魔术师把笼子折叠起来变为六片方形栅栏时，小鸟当场就被夹死了！他再以迅雷不及掩耳的手法，把笼子和小鸟都藏进袖子里。只有小男孩看得真切，其他人都被魔术师骗了。

惠宁沉思了一会儿，说：“嗯……这样好了，我先用相机把金丝雀拍下来，表演时以照片代替小鸟。能把那么大的鸟笼变不见，对我这个业余魔术师来说，已经是非常困难的挑战了！”

明雪点头赞成这个改良方式。

“那表演时你要当我的助手哦！”惠宁乘机央求明雪帮忙。

“好啦！我先想想鸟笼要怎么设计，才能快速折叠成六片栅栏，而且一定要折得够紧，才好塞进袖子里。”明雪拿出纸笔，着手画起鸟笼设计图。

惠宁看着明雪专注的模样，不禁偷笑。这就是她找明雪当助手的原因，电影里虽然揭穿了魔术的手法，但只用几个镜头就交代过去了。当她实际操作时，许多细节还得慢慢推敲，若找明雪帮忙，需要动脑的部分明雪自然会全力以赴，她只要风光地上台表演就行了！

■ ■ ■

两天后，明雪终于突破瓶颈，破解了鸟笼的设计，到五金商店买了铁丝，用尖嘴钳制成鸟笼。经过几次测试，鸟笼终于可以成功折叠，便把它交给惠宁。“接下来就是你的工作了。你要多多练习，当天才不会失手。”明雪叮嘱道。

惠宁高兴地反复翻看着鸟笼，说："真酷！它能折叠成薄片耶！但还是太大了，我的袖子塞不进这么大的东西啊！"

"你要买一件袖子宽大的黑袍，外面罩着斗篷，这样才像魔术师呀！"明雪帮忙出主意。

惠宁点点头："嗯嗯，没问题，我会准备妥当的！这个周末你陪我练习好不好？那天我爸妈要去北港朝天宫，家里没有其他人，我们正好可以安心练习。"

"但是下周三就要期中考试了……"明雪有点为难。

惠宁发挥她的撒娇功力："拜托啦！下周五一考完就要举行庆祝会了，这是我们唯一可以练习的机会。"

"好吧！"拗不过惠宁，明雪只好无奈地答应了。

■ ■ ■

周六当天，明雪带着课本来到惠宁家，无论如何，她希望能抽空读书。惠宁住在某栋大厦的二楼，门口有警卫，明雪说明自己要找210室的住户。

警卫详细询问："你找哪一位？"

因为惠宁姓黄，明雪就依实回答："黄小姐。"

闻言，警卫通过对讲机求证，但等了很久都没人回应。他说："曾先生家没人接听啊！"

"曾家？我要找的人不姓曾呀！"明雪拿出惠宁的地址，再度确认，"啊，对不起，是201室。"

警卫笑了一笑，说："哦，这两间房子正好是对门。因为曾太太姓黄，我还以为你找她呢！"

他再次拿起对讲机，果然是惠宁接的。警卫让明雪进门，她走上二楼后，发现210室果然在惠宁家的正对面。"还好没人在，否则我就尴尬了。"明雪笑着说。

惠宁请明雪进入屋内，她很快就换上了黑袍和斗篷，明雪一看，她真有几分魔术师的架势。

接着，她在明雪做的鸟笼里摆放了一张小鸟的照片，看："我用它代替真的小鸟，这样就行了吧！"

明雪点点头，忽然听到鸟啼声——抬头一看，客厅里挂了一个鸟笼，里面有一只黄色的金丝雀。

“它叫阿黄，很漂亮吧！”看明雪注意到自己的宠物，惠宁骄傲地说。

“嗯，真漂亮！”明雪走到鸟笼旁，伸出手指逗弄阿黄。

“好了，别玩了，开始练习吧！”惠宁催促着，她也想早点完成练习，才能多看一点书，希望自己这次的物理成绩别像上学期一样，濒临及格的边缘。

惠宁认真练习着，明雪则从旁指导。惠宁好几次都被笼子夹到手，痛得她哇哇大叫：“喂，明雪，你设计的鸟笼不管用啊！”

明雪又好气又好笑，只好亲自示范：“你先用两根手指撑开鸟笼，到时候，只要手指头离开，鸟笼就会自动折叠成片，也不会夹到手。”

知道诀窍后，惠宁松了口气：“还好有你陪我，否则靠我一个人练习的话，就算手指头被夹断了也练不好！”

之后，惠宁又自行练习了好几次，但手法仍然不是很完美。明雪在一旁看着，有点昏昏欲睡。她努力抬起沉重的眼皮，发觉惠宁的动作越来越迟缓，鸟笼甚至掉落地上了，惠宁却不去捡，只是疲倦地躺在沙发上睡着了。

她们怎么都这么累呢？明雪有点疑惑，但仍瘫在沙发上，心想先睡一觉再说。就在她抬起头，把脖子靠在沙发把手上的那一刻，突然瞄见鸟笼里的金丝雀竟然两脚朝天！莫非它已经死了？明雪在意识模糊之际，努力思考这个问题……

“不对！惠宁，快醒来，出事了！”电光石火间，明雪突然弄清楚到底发生了什么事，急着大喊出声。见惠宁动也不动，她撑起异常疲惫的身躯，跑到窗边打开窗户，吸了几口新鲜空气，然后憋着气，回头去拉惠宁，死命把她拖出门外。

惠宁经过一番拉扯，终于清醒过来，但仍然有气无力：“怎……怎么啦？我……好想……睡……”

明雪不答话，一鼓作气地把她拉到楼梯口。因为惠宁家在二楼，从楼梯逃生比搭乘电梯要快。她扶着惠宁，跌跌撞撞地跑到楼下。

经过警卫室时，明雪使尽力气大喊："这栋大楼……一氧化碳外泄，请……请立即通知救护车前来，并用对讲机……通知住户疏散！"

警卫被两人的状况吓了一跳，但看到她们似乎没什么大碍，赶紧依言疏散大楼的居民。

明雪把惠宁扶到草地上，她仍然虚弱得站不起来，明雪也喘得不得了，两人只能坐着休息。

不久，消防队与救护车都到了，两名救护员欲将惠宁抬到担架上，但她却挣扎着站起身来："没关系……我……还能走。"

这时，明雪听到警卫向消防队长报告："我已通知所有住户赶紧疏散了，只有210室无人回应。"明雪看着消防员在队长的指示下戴上面罩，准备进入210室搜索，顿时安心许多，心想："幸好210室没人。"

医护人员扶着惠宁和她坐上救护车，帮两人戴上氧气罩，"嘭"的一声关上车门，向医院急驶而去。

■ ■ ■

因为惠宁和明雪中毒不深，在医院做完检查，证明没有大碍后，医生就表示她们可以回家了。明雪的爸妈接到通知时都吓坏了，赶到医院探视宝贝女儿；惠宁的父母则因为外出，无法实时赶回来，只能请明雪的爸妈帮忙照顾惠宁。

警方对此事件也展开调查，负责的警官李雄向明雪的爸妈略作说明后，就在病房里进行问话。“明雪，通常吸入一氧化碳会让人不知不觉陷入昏迷，所以这种毒气有‘沉默杀手’的称号。告诉我，你是怎么发觉一氧化碳外泄的呢？”李雄疑惑地问。

明雪虚弱地回答：“惠宁养在客厅的金丝雀突然死了，使我产生了警觉。我记得曾在书上读到，19世纪末有位科学家发现，金丝雀对一氧化碳的毒性反应比人类快速，因此将它当作测试煤矿矿井中一氧化碳浓度的指标。如果金丝雀突然死亡，表示毒气太浓，工人必须赶快撤出矿井。”

她喘了口气，继续说明："当我发现惠宁和我都昏昏欲睡时，就感到有点不对劲，又抬头看到金丝雀突然死了，立刻联想到一氧化碳中毒。"

李雄赞许地点点头："你真聪明！还好你警觉性高，否则你们两人可能就会像210室的曾太太一样，被送入急救室了。"

"什么？210室的曾太太？我以为那间房子没人在家呢。"明雪有点惊讶，便把早上记错号码，警卫打电话到210室的经过讲了一遍。

李雄感到有点不对劲，迟疑地说："不，那间房子有人在家。消防队员破门而入时，曾太太已经昏倒在地，而且身旁有个铝制脸盆，里面装着木炭余烬，一氧化碳大概就是燃烧木炭时所产生的，经由门缝扩散到了惠宁家，造成金丝雀和你们中毒。其他住户因为距离较远，所以中毒症状比较轻。"

明雪心中满是疑惑：如果曾太太在家，为何不接电话？莫非当时她已经昏迷了？如果中毒这么久，还救得活吗？

李雄看着明雪沉思的神情，继续说道：“曾太太因为中毒太深，现在仍在抢救中，还没脱离险境。我们已联络上她的先生曾明彦，他和朋友原本要去海边钓鱼，听到消息已经赶回来了。我们初步在电话里进行询问，想知道他太太是否有自杀的征兆，曾先生表示她太太患有忧郁症，一直在看心理医生。”

惠宁帮忙补充：“对面的那对夫妻经常吵架，附近邻居都知道两人感情不和，黄阿姨看起来也很不快乐。”

李雄把这些信息写进笔录里，说：“这样正好验证了曾先生的说法，显示他太太的确有自杀倾向。”

离开医院后，明雪告诉爸妈，她考试要用的书还在惠宁家。

爸爸说：“没关系，反正我们要先送惠宁回家，你上楼拿了书就赶快下来。虽然你们很幸运，中毒不深，但看起来很虚弱，还是要多休息。”

明雪点头答应。

明雪陪惠宁走进大门时，看到一群住户围着警卫，听他讲述事发经过。“要不是我机警，引导消防队员进入210室，到现在可能还没人发现曾太太昏倒在地，那她就真的没救了。”

大家都称赞警卫及时救人一命，他也感到很得意。

明雪停下脚步，说道：“伯伯，早上210室明明就没人响应，你怎么知道那间房子还有人没有逃出来呢？”

警卫回过头，说：“因为在你到达前的三分钟，曾先生才独自出门，加上曾太太患有忧郁症，整天足不出户，所以我猜她还在家里。只是平常若有朋友来访，她都会透过对讲机，请我让她的朋友上楼；但她今天丝毫没有响应，我才怀疑你是否找错了人。”

这时，一名中年妇女又把警卫拉回原来的话题：“真了不起！哪个住户有没有出门你都记得一清二楚，不然呢，消防队的救人时机可能又要往后拖延了。”

众人七嘴八舌地称赞警卫，还想多了解事件的明雪只得陪惠宁上楼，拿了书后，赶快回到车上。

一路上，明雪安静地思索起整起事件。正巧鉴识科的张倩来电话慰问：“明雪，我听李警官说你中毒了，要不要紧啊？案情的来龙去脉我已经听他说了。”

“我不要紧，现在已经出院了，正在回家的路上。嗯……关于案情，我有一些建议……你能不能到医院抽取曾太太的血液，进行药物检验。”明雪说话间有点迟疑。

张倩停顿了一下，接着反问：“为什么？你觉得哪里有问题吗？”

“我只是觉得这起案件有点怪异，像曾先生离开家的时间点、他太太在家却没回应对讲机。”明雪虽然有些头晕，但仍能敏锐察觉到可疑之处。

电话那边的张倩要明雪放心：“没问题，这是一件疑似自杀的案件，警方本来就会介入调查的。你好好静养吧，我会将整起事件查个水落石出的。”

聊了几句之后，明雪苦笑着关上手机。好好静养？那她的期中考试怎么办？

■ ■ ■

好不容易期中考试结束了，虽然不甚满意，但明雪自认应该可以侥幸过关吧。自从中毒事件之后，她一连几天身体虚弱，无法专心念书，现在终于可以好好休息了。

当天下午的庆祝会如期举行，惠宁因为疏于练习，所以在台上不断地被鸟笼夹到手，同学们笑得东倒西歪。她心念一转，反正自己本来就不是专业的魔术师，表演的目的只是博君一笑，干脆就尽情耍宝吧！出乎意料，这项魔术表演反而成为庆祝会上最精彩的节目。

庆祝会结束之后，明雪走出校门，发现张倩正在门口等她，并招呼她上车："期中考试结束了吧？到警局聊聊！"

许久没和张倩碰面的明雪连声称好。

在车上，张倩好奇地问："我听李警官说，无论是曾明彦或惠宁的证词，都指出曾太太非常不快乐；经我们向医院求证，她确实有忧郁症，现场也有烧炭的痕迹。铁证如山的情况下，你为什么还建议我检验曾太太的血液呢？”

“我的判断错了吗？”明雪不安地问。

张倩摇摇头，说：“不，你没错。我今天来就是要告诉你，因为我对曾太太的血液进行药物检验，让案情有了大逆转。检验报告指出，她曾服用大量安眠药，所以才会昏睡不醒；也因为这项发现，让医生及时改正了治疗方法，针对一氧化碳及药物中毒双管齐下，目前曾太太已经清醒了。她坚决否认自己有自杀意图，当天早上曾先生不寻常地端给她一杯咖啡，她喝了一口之后就不省人事。李警官目前正在询问曾明彦呢。”

明雪兴奋地叫了出来：“我就知道！因为警卫说，曾先生在我到达前的三分钟才离开，所以我想那时她还没有烧炭，否则他也走不成。如果曾先生离开后，曾太太才开始有所动作，她能否在短短的三分钟之内生火烧炭，而且还陷入昏迷，以至于没人响应呢？因此，我就猜测警卫在用对讲机询问时，她已经因为别的原因而陷入昏迷。”

张倩继续说道：“凶手是点燃木炭后才离开的，意图

制造曾太太自杀的假象，在这种情况下，曾明彦的嫌疑最大。我们推测，他深知妻子的抑郁症病历会让警方相信自杀的说法，加上只要用安眠药迷昏太太，她就完全没有逃生的机会，必定会因一氧化碳中毒而死。”

“如果不是金丝雀突然死亡，使我产生警觉，恐怕连我和惠宁都会一起陪葬！我觉得自己好幸运哦！”明雪心有余悸地说。

张倩拍拍她的肩膀：“明雪，这不是幸运。你平日阅读大量课外书籍，是知识救了你一命！”

这时，张倩的车已接近警局，李雄正好率领几名警察，从局里走了出来。

看到明雪下车，李雄赶紧走上前握住她的手，说：“明雪，你这次又立了大功！刚才我们突击审问曾明彦，他已承认犯案。因为他们夫妻俩经常吵架，太太甚至患上抑郁症。前几天，两人又大吵一架，曾明彦心生不满，才想出这个计划。”

张倩叹了口气：“一个女人若遇人不淑，当然会有抑郁的倾向啦！”

明雪点点头：“就像关在笼中的小鸟，真可怜！”

李雄听着两人的抱怨，只得苦笑回应。

这时张倩转头对明雪说：“别谈这个了，我请你喝杯咖啡吧！”

“咖啡？”明雪尚未从这令人感伤的案情中走出来，一听到咖啡就起了戒心。

“你想太多了！”张倩拍拍她的肩膀，两人相视大笑。

科学小百科

一氧化碳（CO）无色无味，使得一般人中毒时仍不自觉。它会影响氧气的供给与利用，造成人体组织缺氧，特别是代谢速率较高的器官（例如心脏与脑部）。一氧化碳中毒症状包括头昏、恶心、眼花、嗜睡、抽搐及死亡等；甚至有部分病人在恢复意识后，经过一段时间，竟又因迟发性脑病变，而引起智能减退、步态不稳、行为退化等症状。

在台湾，一氧化碳中毒的案例多发于冬天。为隔绝寒意，大多数人习惯紧闭门窗，生炉子取暖。此时装置于室内的火炉等易因含氧量不足，产生燃烧不完全的现象，因此释出大量一氧化碳，造成多起不幸悲剧。经相关单位长期呼吁，大家才警觉这个隐形杀手的强大杀伤力，从而注意保持室内通风，并正确使用火炉等。

我喜欢看侦探故事书，但是对化学还不太懂，看到《学化学来破案》这本书，先翻了几页，就被吸引住了。原来并不需要学习多高深的化学知识就能看得懂，从有趣的生活故事中就能学到这么多的化学知识，真是太好了，我以后再也不怕学化学了。其中有个故事叫《当局者“醚”》太吸引我了，因为我也很想解剖青蛙，所以我就想看看他们是怎么做的。原来他们是先用麻醉药——乙醚，让青蛙昏迷，这样可以使青蛙不疼。另外，乙醚还可以麻醉人。书中的高中生因为了解这个知识，还帮警察抓住了装神弄鬼的坏人，真是太神奇了。我也想有这样的化学老师，也想好好学习化学。

还有个故事叫《焰色反应》，我知道了某些金属离子在燃烧时会出现不同颜色，这就是焰色反应，原来五颜六色的烟花就是根据焰色反应的原理做成的。我还很喜欢书中的主人公，能用化学知识破案，太神奇了。所以如果长大以后想当侦探，一定先要学好化学哦！

河南省巩义市子美外国语小学四年级　康凌璧

《学化学来破案》这套书让我发现，原来化学一点儿也不难，生活中的许多现象都是化学，让我从这些有趣的侦探故事中初步认识并爱上了化学课。这套书里的每一个人物都性格分明，有自己的特点，每一个故事都那么引人入胜，让人身临其境。这些故事中，最让我印象深刻的是《酒不醉人》，通过描写明雪如何品尝红酒，引出“神秘果”，最后与醉酒撞车案相联系而破案。总而言之，机智勇敢的明雪，聪明却懵懂的明安，负责任的李雄警官，都是我学习的榜样，相信我以后一定会学好化学课的。

湖南省长沙市岳麓区实验小学五年级　向珂

化学是什么？它一直给我一种很神秘、很厉害、很难懂的感觉。小时候，我也曾经跟着兴趣班的老师做过跟化学有关的实验。教室前面的大台子上摆着大大小小的瓶瓶罐罐，老师说它们叫试管和烧杯，还有一些叫酒精灯和坩埚。老师像变魔术一样，把这里面的水加到那个里面去，或者再往那个里面加一些粉末，然后瓶子里面发生了奇妙的变化，或者颜色变了，或者连续不停地往外喷泡沫。好有趣啊！好神奇啊！好厉害啊！但是它跟我有什么关系呢？化学就像隔离在我的生活之外的东西一样，很神秘，让人不明就里，而且离我很远，仿佛很难。

但是，《学化学来破案》让我改变了对化学的看法。原来，我们生活在一个充满化学的世界，生活中化学无处不在，吃的、穿的、用的、玩的，都离不开化学。热敏纸打印出文字的原理，如何让铁皮上磨掉的字迹重新显现，警察又是怎样鉴定遗嘱的真伪，这些有意思的故事都是化学知识，这些可能被讲得很深奥的化学知识都变成了故事。一个个描写生动、扣人心弦的故事就这样不动声色地把化学介绍给了我。这本书为我打开了一个崭新而且奇妙的世界，它等着我去探索。我今年刚刚上初一，化学是初三才开设的课程，好期待啊！

北京市海淀区教师进修学校附属实验学校初中一年级　陈信雅

我是一名初二学生，还没有正式学化学，所以当妈妈给我拿来这本书的时候还满心抱怨。但是因为平时喜欢侦探类的小说，周末忙里偷闲试着翻了翻竟然一口气读完了。开始我只是沉浸在故事本身，情节跌宕起伏，有时在我认为结局已定的时候故事又来个峰回路转。当然不管犯罪分子如何充满心机，最终都没能逃脱明雪的慧眼，落入法网。但后来我读到《黑心漂白》，想到家里妈妈有时也用漂白剂，新奇之下仔细阅读了“科学小百科”部分，惊喜地发现故事里原来暗藏着这么多科学道理，并且和生活关系如此密切。之后我还很郑重地提醒妈妈千万不要把漂白剂和其他清洁剂混在一起使用，俨然一个小管家的样子。另外我不得不说“科学小百科”哪里只有化学知识，像酒精检测、血液检测明明还渗透着生物和物理小知识嘞！

北京市上地实验学校初中二年级　卓明昊

我一口气看完了《学化学来破案》，对于我这个已经学过化学的初三学生来说还是受益匪浅的。书中有很多关于化学破案的知识，有些是我学过的，比如《口水之战》，知道二氧化碳可让淀粉溶液变混浊。但是却不知道，原来一点点口水就能检测出人的DNA，从而找出罪犯。比如《飞来一笔》，知道原来从一个字就能用化学检测出是否使用了不同的墨水，从而查出遗嘱是否被修改过。陈伟民老师真是写故事的高手，能把这么多的化学知识，甚至物理知识、生物知识融入一个个小故事中，让我看一遍就能记忆深刻，比在课堂上学到的知识更容易记得住，而且还能在生活中发现，原来这些也是化学知识的应用呢！真希望能把作者请到我们学校当化学老师啊，这样我的化学成绩肯定会突飞猛进的！

北京市育英学校初中三年级　魏禹谋